“十三五”国家重点出版物出版规划项目

中国陆地生态系统碳收支研究丛书

中国森林生态系统碳储量
——动态及机制

王万同　唐旭利　黄　玫 等　著

科学出版社
龍門書局
北　京

内 容 简 介

本书是“中国陆地生态系统碳收支研究”丛书的一个分册，针对当前森林碳汇研究领域中的热点问题，基于全国 7800 个典型森林生态系统样地的调查资料，估算我国森林生态系统全组分（乔木、灌木、草本、凋落物及土壤）碳库现状，并对其机制进行初步探讨。在此基础上，采用遥感反演和模型模拟相结合的手段，估算我国森林生态系统的固碳速率及潜力。

本书可供从事生态、环境保护、林学、农学和地学等相关专业人员和高等院校师生阅读参考，也可供关注森林生态的各界人士参考。

审图号：GS（2018）3054 号

图书在版编目（CIP）数据

中国森林生态系统碳储量：动态及机制/王万同等著. —北京：龙门书局，2018.7

（中国陆地生态系统碳收支研究丛书）

国家出版基金项目 “十三五”国家重点出版物出版规划项目

ISBN 978-7-5088-5393-2

Ⅰ. ①中… Ⅱ. ①王… Ⅲ. ①森林生态系统–碳–储量–研究–中国 Ⅳ. ①S718.55

中国版本图书馆 CIP 数据核字（2018）第 141735 号

责任编辑：王 静 李 迪 / 责任校对：郑金红

责任印制：徐晓晨 / 封面设计：北京铭轩堂广告设计有限公司

科学出版社
龍門書局 出版

北京东黄城根北街 16 号

邮政编码：100717

http://www.sciencep.com

北京建宏印刷有限公司 印刷

科学出版社发行 各地新华书店经销

*

2018 年 7 月第 一 版 开本：787×1092 1/16

2021 年 7 月第二次印刷 印张：8 1/2

字数：207 000

定价：128.00 元

(如有印装质量问题，我社负责调换)

中国森林生态系统碳储量
——动态及机制

主 要 著 者

王万同　唐旭利　黄　玫

周国逸　尹光彩　王金霞　温达志

前　　言

全球气候变化对人类生存、社会发展造成了严重影响，它不仅通过改变生态系统的结构和功能来直接影响人类的生活质量，而且通过影响生态系统提供的生产资料和生态服务，从而改变生态系统生产力和碳、氮、磷循环及生物多样性等多个过程，来间接作用于人类社会。同时，《巴黎协定》（*The Paris Agreement*）使碳减排增汇成为与国家、政治、外交和生态安全等密切相关的重大问题，全球气候变化已引起各国政府、科学界与公众的强烈关注。应对气候变化与碳减排的国际谈判已经成为我国作为发展中大国面临的重大问题与难题，而我国正处于完成工业化和城镇化建设的关键阶段，需要不断提高我国人民生活水平，因此保持应对温室气体减排责任和经济可持续发展之间的最优平衡是一个迫切需要解决的重大发展问题。2011 年，中国科学院多个研究所的科技人员和一部分从事经济和政策研究的专家，联合高校和有关部门专家，共同承担了科技先导专项——“应对气候变化的碳收支认证及相关问题”（简称“碳专项”），针对我国的陆地碳收支定量认证、碳增汇潜力与速率、增汇技术与措施，以及未来全球增暖情景与大气温室气体浓度关系的不确定性等重大科学技术问题展开了深入研究。

应对气候变化、减少大气中温室气体浓度的一个重要途径是增强地球表层生态系统对大气中温室气体的吸收作用，即生态系统的碳汇功能。因此，明确我国主要生态系统（森林、灌丛、草地等）究竟有多大的碳吸收潜力，以及这些生态系统在过去、现在与未来吸收碳的速率究竟如何就变得尤为重要，而我国在这方面虽已做了很多工作，但缺乏全国尺度的精细调查和分析，缺乏基于统一技术体系的系统研究。在主要的陆地生态系统中，森林生态系统是陆地最大的碳库，在应对气候变化中具有独特的功能，在维持全球碳平衡中具有重要的作用。但是，和世界大部分国家一样，我国对森林资源的宏观监测以国家森林资源清查为主，虽然具有全国或区域尺度上的统一性，却存在较大的不确定性，精度不高，且常常因未包括林下植被、地表凋落物、根系及土壤等组分，而不能全面反映我国森林生态系统碳源汇的状况及其在减缓全球气候变化中发挥的巨大功能和贡献。基于此，“碳专项”专门设立了“中国森林生态系统固碳现状、速率、机制和潜力”研究课题（简称“森林课题”）（XDA05050200），处于生态固碳任务群项目 5“中国生态系统固碳现状、速率、机制和潜力”中第二个位置。

“森林课题”根据我国气候带和植被类型的空间分布特征，把我国的森林分为六大片区，按各片区的森林面积和森林类型及演替序列，共选择具有代表性的 7800 个样地，采取统一的标准和方法对我国森林生态系统全组分（乔木、灌木、草本、凋落物及土壤）碳库进行野外样地调查，基于调查资料准确估算了我国森林生态系统的碳汇现状。在此基础上，采用遥感反演和模型模拟相结合的手段，分别从区域和全国尺度上估算了我国森林生态系统的固碳速率及潜力。

从文献整理工作来看，近 30 年来我国有关森林碳动态的报道不少，以“碳储量”“生物量”“生产力”“森林”“土壤”为关键词检索到的论文数量在 2000 年以后逐年上升。总体来说，研究内容上以存量研究为主，对速率研究较少；研究方法上以森林资源清查资料为主研究区域尺度的碳储量，以样地调查为主研究样地尺度的碳库格局；研究对象以乔木层为主，鲜有涉及整个生态系统碳格局的工作，尤其在区域尺度上。

“森林课题”建立了一套符合国际规则和中国特色的森林碳汇评价技术体系，获取了反映我国森林生态系统碳储量、碳库格局的准确真实的数据资料。在此基础上，估算出我国森林碳汇大小、固碳速率及潜力，为定量评价我国森林生态系统在减缓全球气候变化中的巨大功能和贡献提供了科学依据，也为开展全国范围内森林生态系统碳汇功能及固碳潜力研究提供了资料，奠定了良好的基础。

本书是“森林课题”的重要研究成果之一，也是所有参与课题研究的专家及工作人员这几年来呕心沥血、辛勤工作的体现。为了强调科学性和系统性，全书共分为 6 章，按从背景、立项、研究思路、实施到研究结果、讨论及最后的结论的顺序展开阐述，遵循科学研究的结构和流程，便于读者阅读和参考。

第 1 章对课题研究的背景、意义进行重点介绍，对当前森林固碳研究中的理论、方法及国内外研究进展进行阐述，最后对存在的问题进行探讨。本章由王万同（河南师范大学）、尹光彩（广东工业大学）撰写。

第 2 章对研究思路和研究内容进行阐述。本章由唐旭利（中国科学院华南植物园）撰写。

第 3 章对调查数据的获取、管理、质量控制及森林固碳估算体系进行阐述。本章由温达志（中国科学院华南植物园）、王万同撰写。

第 4 章对森林固碳估算中的几个关键参数一一进行分析和估算。本章由王万同、尹光彩、王金霞（河南师范大学）撰写。

第 5 章从区域和国家尺度对我国森林生态系统全组分固碳现状进行估算，对我国森林生态系统固碳现状与格局进行论述。本章由唐旭利、王万同撰写。

第 6 章主要对我国森林生态系统固碳速率和潜力进行模拟和预测。本章由黄玫（中国科学院地理科学与资源研究所）、唐旭利撰写。

全书由周国逸研究员统稿。

最后，借此机会，向所有帮助、支持、关心我们的朋友及课题全体成员致以衷心的感谢。本书的出版得到了“森林课题”（XDA05050200）的资助。

由于著者水平有限，书中不足之处在所难免，敬请读者多予指正。

著　者

2017 年于广州

目　　录

第1章　绪　　论

1.1　研究背景和研究意义

当前，以大气中CO_2浓度增加和气温升高为主要特征的全球气候变化正在加剧，并强烈地给人类生存、社会发展造成了严重影响。它不仅通过改变生态系统的结构和功能来直接影响人类的生活质量，而且通过影响生态系统提供的生产资料和生态服务，从而改变生态系统生产力和碳、氮、磷循环及生物多样性等多个过程，来间接作用于人类社会。《联合国气候变化框架公约》及《京都议定书》的制定将碳减排增汇提升为与国家政治、外交和生态安全等密切相关的重大问题，全球气候变化已引起各国政府、科学界与公众的强烈关注。2015 年 12 月《巴黎协定》的签署标志着缔约方就未来十几年的国际气候政策走向达成共识，气候变化作为全球环境问题之首将更加深刻地影响人类的生存和发展。

应对气候变化与碳减排的国际谈判已经成为我国作为发展中大国面临的重大问题与难题，作为负责任的发展中国家，我国一直在调整经济发展模式以适应经济发展和节能减排的共同需求。然而随着我国经济进一步发展和人民生活水平持续提升，能源消耗和温室气体排放量短期内继续增加的趋势仍难以改变，在未来的气候变化摊牌中势必面临国际社会要求我国减排温室气体的巨大压力（吕达仁和丁仲礼，2012；方精云等，2015）。2011 年，中国科学院多个研究所的科技人员与一部分从事经济和政策研究的专家，联合高校和有关部门专家，共同承担了科技先导专项——“应对气候变化的碳收支认证及相关问题”。该专项共设立了 5 个任务群，即排放清单任务群、生态系统固碳任务群、气候敏感性任务群、影响与适应任务群和绿色发展任务群，针对我国的陆地碳收支定量认证、碳增汇潜力与速率、增汇技术与措施，以及未来全球增暖情景与大气温室气体浓度关系的不确定性等重大科学技术问题展开深入研究。

应对气候变化、减少大气中温室气体浓度的一个重要途径是增强地球表层生态系统对大气温室气体的吸收作用，即生态系统的碳汇功能（吕达仁和丁仲礼，2012）。增强陆地生态系统固碳能力被认为是最经济可行和环境友好的减缓大气中 CO_2 浓度升高的重要途径之一（IPCC，2007）。《京都议定书》第 3.4 款明确规定：世界各国可以通过增加陆地生态系统碳储量来抵消经济发展中的碳排放量。因此，如何提高陆地生态系统碳储量及其固碳能力，是近年来全球变化研究的热点领域。近年来的研究表明，我国的陆地生态系统，尤其是森林生态系统具有非常强的固碳速率和潜力（贺金生，2012）。

森林生态系统是陆地最大的碳库，在应对气候变化中具有独特的功能，在维持全球碳平衡中具有重要的作用。这主要有两个原因（贺金生，2012）：一是森林生态系统的植被、凋落物、有机质残体及土壤有机质中储存有大量的碳，约占陆地生态系统有机碳地上部分的 80%，地下部分的 40%（FAO，2011）；二是森林生态系统如果遭到破坏或干扰，系统中储存的大部分碳会释放到大气中，成为大气中 CO_2 浓度升高的一个重要因素。因此，森林的碳循环与碳储量在全球陆地生态系统碳循环和气候变化研究中具有重要意义。

由于碳循环研究的复杂性，目前的科学技术及数据积累尚不能准确地回答碳汇到底有多大，其区域分布如何。也就是说，碳汇问题仍存在相当大的不确定性（Pan et al.，2011）。不同研究得出的结论的差异可达到 5 倍以上（于贵瑞等，2003）。因此，很难说某一国家对全球碳汇的贡献有多大。森林生态系统具有比其他植被生态系统更高的碳密度。研究表明，森林生态系统中，植被和土壤的平均碳密度分别为 86 Mg C/hm^2 和 189 Mg C/hm^2（1 Mg =10^6 g）；草原生态系统中，植被和土壤的平均碳密度分别为 21 Mg C/hm^2 和 116 Mg C/hm^2；农田生态系统中，植被和土壤的平均碳密度分别为 5 Mg C/hm^2 和 95 Mg C/hm^2。在过去的 150 年间，森林转化为农田或其他土地覆盖类型所造成的 CO_2 排放量接近同期所有化石燃料利用所释放 CO_2 量的总和。森林的减少和破坏，是陆地生态系统碳源增加的一个重要原因。同时，森林寿命长、面积大、碳储量多、具有长期和强烈影响大气碳库的能力。因此，对森林碳库及其动态的研究，将会极大地减少陆地生态系统碳循环研究的不确定性。

我国地域辽阔，自然气候条件复杂，森林类型多样且具有明显的地带性分布特征。进入 21 世纪以来，随着六大林业重点工程建设的相继启动和实施，林业生态和产业体系逐步建立和完善，人工造林和森林恢复性生长过程加速。第七次全国森林资源清查结果显示，全国森林面积为 1.955 亿 hm^2，森林蓄积量为 137.2 亿 m^3，森林植被总碳储量达 7.81 Pg C。美国、加拿大等发达国家在 21 世纪初就已经对国家森林资源碳储量进行了估算。但由于不同国家的森林资源清查体系、技术标准和调查方法不同，以及清查周期与清查时间不一致，调查结果在不同国家之间存在不具可比性和可靠性差的问题。目前，我国森林资源的变化正在对区域乃至全球生态环境变化产生积极影响，森林资源的生物量、碳储量和碳密度格局也日益被国际组织、各级政府及社会大众广泛关注。及时获取覆盖全国且长时间连续的森林资源生物量和碳储量，是准确评估我国固碳潜力、履行《联合国气候变化框架公约》，特别是依据《巴黎协定》进行碳汇贸易谈判的基础和有力保障。

我国和世界大部分国家一样，对森林资源的宏观监测以国家森林资源清查为主，以数理统计抽样为基础，定期对同一地域上的森林资源进行重复性调查，采集样地和样木的调查数据，每 5 年产出一次累积性的统计成果。以国家森林资源清查统计数据为基础的碳库计量，与现行森林资源清查体系一样，产出数据为每 5 年的累积性统计数据，数据采集时间存在不一致性，分析成果缺乏现势性和时效性。国家森林资源清查资料虽然具有全国或区域尺度上的统一性，但精度往往不高，存在较大的不确定性，且常常因未包括林下植被、地表凋落物、根系及土壤等组分，而不能全面反映森林生态系统碳源汇的状况。在人为干扰和人类经营管理的影响下，森林生态系统各个组分的碳源汇状况在时空上的走向并不一致，仅仅以森林生物量动态为依据既可能低估又可能高估整个森林生态系统的碳源汇状况。因此，充分有效地利用连续的、系统的大面积森林资源清查资料估测森林碳储量和碳密度，不仅有助于估算区域尺度的森林生产力及其碳收支，也可为评价森林生态系统的结构与功能提供量化指标，同时对评估不同森林植被类型的碳汇潜力，制定合理的碳汇政策措施具有重要的意义。

我国学者基于样地调查对森林生物量及碳储量的研究始于 20 世纪 70 年代，主要集中于对部分区域或几十种森林树种的研究，如湖南会同地区马尾松林（冯宗炜等，1982）、北京西山人工油松林（陈灵芝等，1984）、海南尖峰岭热带雨林（李意德等，1992）、兴安落叶松林（刘志刚等，1994）、长白松人工林（邹春静等，1995）、云南哀牢山常绿阔叶林（谢寿昌等，1996）、鼎湖山南亚热带常绿阔叶林（唐旭利等，2003）、西双版纳热带山地雨林（郑征等，2006）、华北落叶松人工林（罗云建等，2007）等。样地尺度上的研究虽然全面涵盖了森林生态系统各个组分且相对准确，但往往局限于某些地理区域或森林类型而代表性不强，由于缺乏统一的方法，也不具有可比性，据此进行全国尺度上的推演将造成很大的不确定性。

到目前为止，我国在国家尺度森林生态系统固碳现状、速率和潜力的实际调查数据，碳收支计量和综合评估模型工具，以及区域碳汇强度的定量评估、科学认证和决策分析系统等方面的研究工作还十分匮乏。“森林课题”正是在此背景下，由“碳专项”专门设立，处于生态系统固碳任务群项目“中国生态系统固碳现状、速率、机制和潜力”中第二的位置（图 1.1）。“森林课题”的目标旨在建立符合中国特色的、科学有效的、能被国际同行公认的精准碳计量方法，全面建立国家尺度森林生态系统碳汇及其速率与潜力的评价体系，明晰中国森林生态系统碳库现状及时空分布格局，揭示驱动中国森林生态系统碳收支格局变化的生物和环境机制，不仅可以直接为中国应对气候变化的外交谈判提供科学依据，也可为制定国家尺度碳管理政策措施提供依据（方精云等，2011）。

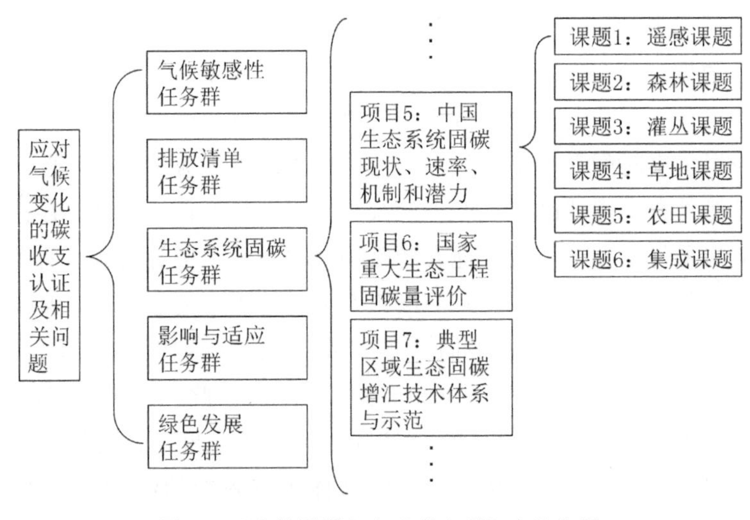

图 1.1 “森林课题”在“碳专项”中的位置

1.2 研究综述及存在问题

1.2.1 森林生态系统碳储量的研究方法

对森林碳储量估算的方法主要有生物量和土壤碳储量清单调查法、碳通量监测法、模型模拟法和稳定性同位素法（李世东等，2013）。由于每种研究方法均有其适宜的时间和空间尺度，各具有其明显的优势和劣势，因此采用各种方法对不同空间和时间尺度的森林生态系统碳储量估算时存在较大的差异（于贵瑞等，2011），下面对这些研究方法进行简要的综述。

1.2.1.1 清单调查法

在森林生物量的清单调查中，森林的碳储量大多数都是直接或间接以森林植被生物量的现存量乘以碳含量（即每克干物质的碳含量）推算而来的。因此，森林生态系统中各组分的生物量和碳含量是估算森林植被碳库的两个关键因子。土壤碳库的调查主要是土壤剖面调查，由土壤容重、有机质含量及土壤层厚度三个因子决定。

收割法是全球普遍采用的生物量研究方法，也是对陆地群落和森林进行调查最切实可行的方法。森林收割法大致分为三类：皆伐法、平均生物量法和相对生长法。

（1）皆伐法是对选定样地的林木进行全部砍伐，测定每株各部分（干、枝、叶和根等）的鲜重，并换算成干重，各部分累积后得到每株生物量，累加每株生物量即为林木的生物量。皆伐法的精度高，但费时费力，一般很少采用，仅在林下植被（灌木、草本）或者标准木的生物量测定中采用（李意德等，1992）。

（2）平均生物量法是在样地每木调查基础上，计算平均的生物量，乘以该林分单位面积上的株数，得到单位面积林分的林木生物量，再利用获得的平均生物量乘以该类型森林面积得到该森林类型的生物量。这种方法适用于林木大小呈正态分布的林分，如人工林（薛立和杨鹏，2004）。但在进行生物量实测时，由于往往选择林分生长较为良好的样地，估算结果偏高（Fang et al.，1998）。

（3）相对生长法是在每木调查的基础上，根据林木径级分配，按径级选择标准样木，以皆伐法的样木调查方法，测定各部分的生物量，再根据各部分生物量与胸径、树高、材积等指标之间存在的相关关系，利用数理统计拟合方程求算出回归系数及相关系数，然后估算林分生物量（Zhao and Zhou，2004）。相对生长法应用最为普遍，一般采用以胸径为自变量的一元方程或者以胸径、树高为自变量的二元方程来推算生物量（Zhang et al.，2007；Zheng et al.，2008）。存在的问题是林木各分量拟合方程都是独立进行计算的，造成各分量间不相容，换句话说，就是干、枝、叶、根干重之和不等于总量。唐守正等（2000）以长白落叶松为例建立了相容性立木生物量方程，解决了上述不相容问题（Verhoef and Bach，2007）。

清单调查法计算森林碳库储量精度较高，但缺点之一是因生态系统的空间异质性，很难向大尺度推演，只适合样地尺度的碳储量研究，然而它为大尺度的森林碳循环模型构建提供了样本数据，是区域、国家及全球尺度森林碳储量研究的基础；缺点之二是无法反映森林碳储量的年内变化和季节性变化（Malhi et al.，1999）。

1.2.1.2　通量监测法

通量监测法主要包括箱式法和微气象学法，而微气象学法中以涡度相关法最常用。箱式法根据箱内与外界有无气体交换分为静态箱和动态箱法。前者是在一定的时间内将箱体置于研究对象之上（如土壤和植物），测定结束之后将箱体移开；而后者是在测定之后，箱体上部可以自动打开，使箱内环境与外界保持一致，不必移开箱体。静态箱移动方便、成本低，但不能进行连续观测；动态箱可以实现长期连续观测，但成本较高。箱式观测技术已在中国的草地、农田和森林等不同类型生态系统中得到广泛的应用（周存宇等，2004；Xiao et al.，2004）。

涡度相关法是通过测量一定高度上风速脉动和被测气体浓度脉动来计算界面的物质和能量交换通量的方法（宋霞等，2003）。早期涡度相关技术多用于分析大气边界层湍流结构和热量与动量传输，为生态系统植被-大气之间的 CO_2 交换研究奠定了理论和试验基础（Baldocchi，2003）。自 20 世纪 80 年代以来，通过直接测定风速、湿度及气体浓度等的脉动获得 CO_2、显热、潜热等气体和能量通量的涡度相关法，成为通量观测中最为有效的直接测定方法，开始得到广泛应用（Baldocchi and Meyers，1998）。一般在植物冠层高度允许的范围内，涡度相关法测定 CO_2 通量不受生态系统类型的限制，特别适合测定大尺度内土壤 CO_2 排放通量，同时对土壤系统几乎不造成干扰（赵广东等，2005），但是目前测得的显热和潜热闭合程度只能达到 60%～80%（Chen and Falk，2002）。涡度相关法对各方面条件的要求较高，如观测样地的植被高度、下垫面地形、仪器的安装高度、仪器的响应速度等都会对通量观测结果的准确性产生影响（Wilson et al.，2002），并且在实际观测时，还应根据具体情况采用虚温订正、坐标变换等方法进行校正（张一平等，2005）。

目前，国际上已经建立的 CO_2 通量观测网络站点有 100 多个，分别隶属于欧洲通量网（EuroFLUX）、美洲通量网（AmeriFLUX）、加拿大北方森林通量网（BOREALS）、地中海通量网（MedeFlux）、澳大利亚和新西兰通量观测塔（OzFlux）及亚洲通量观测网（AsiaFLUX）。中国陆地生态系统通量观测研究网（ChinaFLUX）于 2002 年正式启动，对中国的森林、农田和草地等 10 种不同类型的陆地生态系统开展了长期的、连续的通量观测与研究。涡度相关技术作为各观测站点的关键技术，提供了一种直接测定植被与大气间 CO_2、水、热通量的方法，因此得到更广泛的应用（于贵瑞等，2004）。这些观测站点的建立为森林碳通量研究提供了重要途径，由此产出一大批高质量的研究成果（Zhou et al.，2008；Yan et al.，2006，2013a，2013b；Tang et al.，2011）。

通量观测法为典型生态系统碳收支的动态计量提供了大量可靠的数据，有助于开展不同时间尺度上的碳通量变化及其对环境响应机制方面的研究，已成为全球生态系统碳储量和碳收支研究的主要手段（Baldocchi，2003）。但是，通量观测法仍是一种适宜小尺度研究的方法，在观测结果的应用过程中，仍有多源数据整合、复杂地形的通量观测技术及尺度转换等关键理论和技术问题尚待突破。

1.2.1.3 模型模拟法

模型模拟法是通过数学模型估算森林生态系统的碳储量，适用于各个尺度的森林生态系统碳循环研究。按模型构建方式可分为经验模型、过程模型和遥感估算模型（王军邦，2004）。

经验模型以统计模型为主，利用气候相关模型来估测净初级生产力。经验模型在一定范围内模拟较为准确，但其应用条件和范围具有局限性。过程模型是在生态系统过程的基础上，反映生物对环境响应机制的模型，可对过去和未来气候变化条件下的生态系统碳循环过程进行推估和量化，此类模型有森林生物地球化学循环模型（forest biogeochemical cycle，forest-BGC）（Running and Coughlan，1998）、陆地生态系统模型（terrestrial ecosystem model，TEM）（Raich et al.，1991）、植被与大气交互模型（atmosphere-vegetation interaction model，AVIM）（Ji and Yu，1995；黄玫等，2006）、植被土壤与大气碳交换模型（carbon exchange between vegetation，soil，and atmosphere，CEVSA）（Cao et al.，2003；顾峰雪等，2006）等。该类模型主要应用于小尺度的生态系统，能够模拟生态系统碳循环的空间格局，也便于与大气环流模式实现有效的对接（于贵瑞等，2004）。过程模型的缺点是机制复杂，参数较多。

遥感估算模型是以遥感数据为驱动变量，以空间化的环境数据库为支撑，与生态学过程模型相耦合形成的森林碳储量估算模型，如光能利用率模型（carnegie ames stanford approach，CASA）、植被光合模型（vegetation photosynthesis model，VPM）和简单生物圈模型（simple biosphere model version 2，SiB2）等（于贵瑞等，2004；江东和王礼茂，2005）。按照耦合方式，可分为“自上而下”和“自下而上”两种模式。前者是根据森林的光谱特征，用遥感数据反演估算出固碳关键参数，将其作为模型的输入参数，计算出区域森林碳储量。后者是在地面实测碳通量数据或小尺度过程模型模拟结果的基础上，分析实测碳通量与遥感光谱之间的对应关系，建立由点及面的碳通量空间外推模型，对区域森林碳储量进行估算（江东和王礼茂，2005）。

模型模拟法可以快速、无破坏地对森林碳储量进行估算，并能实现宏观尺度上的动态实时监测，且能对未来气候变化、人为干扰等情景进行预测，这是传统方法所不可比拟的。利用模型估算区域、国家乃至全球尺度碳收支的变化是未来的发展趋势，但是其缺陷在于受到模型本身的限制，模型的有效性、尺度转换和输入参数等带来的不确定性，最终导致模拟结果误差较大（黄耀等，2008）。遥感模型从理论研究阶段发展到实际的应用阶段还有很长的路要走。

1.2.1.4　稳定性同位素法

大气中 CO_2 的碳同位素含量变化量与其摩尔浓度倒数之间存在线性关系，即所谓的 Keeling 曲线（Keeling，1958，1961）。稳定性同位素法是以 Keeling 曲线为理论基础，测定系统组分的碳同位素的比例，精确量化不同生态过程对碳通量变化的贡献。在冠层尺度，Keeling 曲线的纵截距表示植被和土壤呼吸释放 CO_2 的 $\delta^{13}C$ 同位素组成。利用 Keeling 曲线求得的生态系统呼吸释放 CO_2 的 $\delta^{13}C$ 值，能够将叶片尺度的同位素判别外推到生态系统尺度，结合全球植被模型，则能够确定不同植被类型在全球碳循环中的源汇关系（Pataki et al.，2003）。但是为了降低外推截距的不确定性，在实际测量中 CO_2 的变化范围应该足够大。稳定性同位素法与传统方法的结合将逐渐成为进一步揭示和解释生态学问题和现象的有效工具（孙伟等，2005），尤其在全球变化背景下，其与生态系统模型相结合，能够进一步确定陆地生态系统在整个碳循环中的源汇关系（Yakir and Wang，1996）。

1.2.1.5　区域尺度森林碳储量估算方法

区域尺度森林碳储量的估算方法一直是人们关注的焦点。早期的研究主要是根据样地实测资料，采用平均生物量法估算得到。但在实测时往往选择林分生长较为良好的样地，从而使得平均生物量偏大，导致区域尺度碳储量结果偏高。随后的研究发现，在各林分类型中，单位面积的生物量和材积的比值趋近于常数，可以被用来推算大尺度森林生物量（Krankina et al.，1996），由此发展出生物量转换因子法。但实际上该比值是随着材积的变化而变化的，只有当材积达到很大时，该值才是一个常数。Fang 等（1998）发现在材积与生物量二者之间存在着良好的回归关系，并由此提出了生物量转换因子连续函数法，这一方法弥补了平均生物量法带来的人为差异，以及克服了生物量转换因子法将生物量和蓄积量比值作为常数的不足，能更准确地估算国家或地区尺度的森林生物量（Fang et al.，2001；Fang and Wang，2001）。

1. 生物量转换因子法

生物量转换因子（biomass expansion factor，BEF）法又称材积源生物量（volume derived biomass）法，是利用林分生物量与材积比值的平均值，乘以该森林类型的总蓄积量，得到该类型森林总生物量的方法。或者是利用木材密度（一定鲜材积的干重），乘以总的蓄积量和总生物量与地上生物量的转换系数得到森林总生物量。

研究表明，生物量转换因子法对非郁闭森林的估算结果较好，而对于郁闭森林则误差较大，原因在于未能准确估算郁闭森林的林下部分（Brown and Lugo，1984）。对于某一特定的森林类型而言，生物量转换因子是立木的生物量和蓄积量关系的体现，与林龄、树种组成、立地条件等密切相关（Isaev et al.，1995）。李意德等（1992）对海南岛热带山地雨林的研究表明，生物量转换因子法估算的结果比皆伐法高出 20%～40%，而基于实测资料建立的生物量回归方程得到的结果与皆伐法接近，相对误差在 10%以内。Fang 等（1998）也指出，林分的生物量和蓄积量与森林类型、林龄、立地条件和林分密度等诸多因素有关。

2. 生物量转换因子连续函数法

生物量转换因子连续函数法是将单一不变的生物量平均转换因子改为分龄级的转换因子。Fang 等（1998）基于收集到的全国各地森林的生物量和蓄积量的 758 组数据，把中国森林分为 21 类，分别计算了每种森林类型的 BEF 与林分材积的关系：

$$\mathrm{BEF} = a + b / v \quad (1.1)$$

生物量和蓄积量的简单线性关系可表示为

$$B = a \times v + b \quad (1.2)$$

式中，a、b 均为常数；B 为生物量；v 为蓄积量。

方精云利用倒数方程所表示的 BEF 与林分材积的关系，简单地实现了由样地尺度向区域尺度外推，并采用此方法在国家尺度上构建了世界上第一个长时间序列的生物量数据库，阐明了中国近 50 年来森林植被碳源汇的动态变化（Fang et al.，2001）。随后的学者大多采用该方法来计算区域森林生物量，对森林生态系统碳循环方面的研究具有重要的推动作用。但是该方法仅能估算森林林分的生物量，对于林下植被、凋落物及土壤无法进行估算。

1.2.2 国内外对森林生态系统碳库的研究

现有的对森林生态系统碳储量和碳循环的研究主要集中在三个方面（于贵瑞等，2003）：①宏观计算，依据森林及其立木生物量与碳储量的计算，讨论碳储量的数值及方向；②微观试验，对陆地生态系统排放和吸收的温室气体通量进行测定；③模拟试验，根据生态系统碳交换的原理建立模型，利用可以通过常规方法测得的环境因子进行模拟计算，探讨一定区域植被的净初级生产力。

1.2.2.1 国家尺度上的研究

在国家尺度上，美国（Delcourt and Harris，1980）、瑞典（Eriksson，1991）、巴西（Schroeder and Ladd，1991）、德国（Bureshel and Kursten，1993）、加拿大（Kurz and Apps，1993）、俄罗斯（Krankine and Dixon，1994）、芬兰（Karjalainen and Seppo，1995）等林业较发达的国家都已经对区域森林生态系统碳循环及其与全球碳循环的关系进行了深入细致的研究，并取得了较大进展。

现有的研究结果表明，北半球可能是一个巨大的碳汇，但是该碳汇的大小及分布状况都存在很大的不确定性（王效科等，2002；方精云等，2001）。一方面是不同研究者得出的结果相差太大；另一方面是近年来的一些研究发现热带区可能是一个重要的碳汇（Cao and Woodward，1998）。这表明未知碳汇可能分散在全球更大范围的生态系统中或地表其他地方，而不是集中在北方中高纬度森林区域。这些都反映出了陆地生态系统碳循环的未知性和复杂性。

我国对全国尺度森林碳储量的研究是结合森林资源清查和已发表的资料来进行的（表1.1和表1.2）。刘国华等（2000）利用中国第一至四次森林资源清查资料，依据已建立的不同森林类型生物量和蓄积量之间的回归方程，对中国森林碳库进行了估算，结果表明中国4次森林资源清查时森林固碳量分别为3.75 Pg C、4.12 Pg C、4.06 Pg C、4.20 Pg C，总体上呈增加趋势，中国森林起着一个微弱的“汇”作用，同时进一步分析了中国森林平均碳密度，其远低于世界平均水平（中国平均碳密度是38.7 Mg C/hm^2，全球平均碳密度是86 Mg C/hm^2），并认为是由中国森林多为幼林造成的，说明中国森林具有很大的碳汇潜力。周玉荣等（2000）估算出中国主要森林生态系统植被碳储量为6.2 Pg C。在总结他人研究的基础上，王效科等（2001）在充分考虑林龄、林下植被生物量等因素的情况下，将文献中 561 个样地按林龄分为幼龄林、中龄林、近熟林、成熟林、

表 1.1 中国森林生态系统碳储量及固碳速率

时间段	森林面积/Mhm^2	植被碳储量/Pg C	土壤碳储量/Pg C	固碳速率/（Pg C/年）	参考文献
1981～2000	116	4.3～5.9		0.075（含新造林）	方精云等，2007
1999～2003	142	5.86		0.087	徐冰等，2010
1999～2003	142	5.51		0.082	徐新良等，2007
1994～1998	105	4.75		0.021	Fang et al.，2001
1989～1993	98	6.20			周玉荣等，2000
1989～1993	92	3.80			赵敏和周广胜，2004
1989～1993	108	4.20			李怒云，2010
1999～2003	147	5.50			刘双娜，2012
1984～1998	127	5.79		0.019（含新造林）	Piao et al.，2005
		3.71			汪业勖，1999
			50.00		潘根兴等，2000
			92.40*		王绍强等，2000
		13.33	82.65		李克让等，2003

* 该值是我国土壤有机碳储量，包括森林生态系统

表 1.2 我国森林植被碳储量动态变化

时间段	森林植被碳储量/Pg C		
	徐新良等，2007	Fang et al.，2001	刘国华等，2000
1973～1976	3.85	4.44	3.75
1977～1981	3.69	4.38	4.12
1984～1988	3.76	4.45	4.06
1989～1993	4.11	4.63	4.20
1994～1998	4.66	4.75	

过熟林 5 个龄组，由此估算出的中国森林生态系统植被碳储量为 3.725 Pg C，仅占潜在碳储量 8.41 Pg C 的 44.3%，表明中国还有很大的碳汇潜力。Pan 等（2004，2011）研究指出，1990～1999 年和 2000～2007 年两个时期中国森林年均碳汇分别为 0.06 Pg C 和 0.115 Pg C。方精云等（2001，2002，2007）对中国近 50 年森林碳储量变化进行了估算，结果表明 1949～1980 年中国森林释放了 0.68 Pg C，平均每年释放 0.021 Pg C；20 世纪 70 年代后期由于森林面积的增加和森林的再增长，中国森林碳库碳储量由 4.38 Pg C 增加到 1998 年的 4.75 Pg C，平均每年增加 0.021 Pg C，指出导致中国森林碳库碳储量增加的主要贡献者是人工林。郭兆迪等（2013）利用 1977～2008 年 6 次的森林资源清查资

料，采用连续生物量转换因子法估算中国林分碳储量，结果显示，在调查期内，中国森林碳库储量（即碳汇）累计增加 1.896 Pg C，平均增加速率为 70.2 Tg C/年，不同时期的碳汇大小差异较大，最大碳汇（114.9 Tg C/年）出现在 2004～2008 年，这表明中国森林植被的碳汇功能在显著增强。

汪业勖（1999）利用 GIS（geographic information system）技术定量研究了中国森林生态系统的植被、土壤和凋落物碳库，结果表明中国森林植被碳库储量为 3.71 Pg C。为了使该结果具有可比性，汪业勖采用中国第三次森林清查资料估算碳储量，为 3.5 Pg C，该数据与方精云对同期资料计算的结果 3.87 Pg C 非常接近。李克让等（2003）利用 CEVSA 模型对中国植被有机碳密度和碳储量研究表明，中国陆地生态系统植被碳储量为 13.33 Pg C，占全球植被碳储量的 3%。Piao 等（2005）基于 GIS 和遥感技术，利用植被、气候和土壤数据，应用 CASA 模型估算了中国 1982～1999 年 NPP（net primary productivity），结果表明其间中国植被 NPP 呈上升趋势，平均增长速率为 0.024 Pg C/年，降水是限制中国植被 NPP 增长的主要因素。

1.2.2.2 区域尺度上的研究

1. 对森林植被碳储量的研究

曹军等（2002）对海南省近 20 年森林生态系统碳储量的变化研究后指出，海南省森林碳库储量从 1979 年的 30.45 Tg C 增加到 1998 年的 37.74 Tg C，是全国平均增长率的 2.5 倍，海南省森林在全国森林碳循环中起到的碳汇作用不断增强。Zhou 等（2008）利用连续函数法及广东省 1994～2003 年森林清查资料，量化了主要造林类型 10 年间的碳储量动态变化，研究表明，10 年间广东省森林植被共固碳 41.67 Tg C，碳密度增加了 1.58 Mg C/hm^2；中林龄碳储量高于其他龄级，阔叶林固碳速率大于针叶林和针阔叶混交林。Ren 等（2013）采用遥感技术，利用广东省 3 次森林清查数据和一期土壤调查数据，对广东省 1992～2002 年森林生态系统碳储量的时空格局进行了研究，其森林碳储量从（144.73±6.20）Tg C 增加到（215.03±8.48）Tg C，增加了大约 49%。魏文俊等（2008）利用江西省 1999～2003 年森林资源清查资料，结合大岗山森林定位站的实测数据，对江西省的森林碳储量进行了估算，结果表明，江西省森林总碳储量为 1.5 Pg C，占全国森林总碳储量的 5.33%，森林碳密度土壤层最大，植被次之，凋落物最小，不同林龄乔木层碳储量由大到小依次为中龄林、幼龄林、近熟林、成熟林、过熟林，此结果与 Zhou 等（2008）的相同。王雪军等（2008）利用辽宁省第三至六次森林资源清查资料对森林碳储量估算，结果发现在研究时段内，辽宁省森林平均碳密度为 20.61 Mg C/hm^2，并呈现出先升后降再升的趋势，森林碳储量从 1984 年的 51.8 Tg C 增加到 2000 年的 70.3 Tg C，森林的碳汇作用显著。

Chen 等（2012）利用两次森林资源清查资料，通过对比分析，发现中国热带亚热带区域不同森林类型乔木层碳汇及其积累速率随林龄的增长呈现较大差异，研究结果阐明了中国南方不同森林类型的碳汇格局，并为营造碳汇林提供了理论依据。

2. 对森林土壤碳储量的研究

土壤是由成土母质、地形、时间、气候、生物因素等共同作用的结果，其中前两个因素比较稳定，而后两个因素相对活跃。在特定的森林生态系统中，其土壤碳库的分异主要受控于气候和植被功能型的长期共同作用（Binkley，1995；Jobbagy and Jackson，2000）。因此，不同地理、气候和植被类型条件下的土壤碳储量差异较大。

对土壤碳库储量的估算多采用样地实测法。早期对土壤有机碳库储量的估计是根据少数几个土壤剖面资料进行推算的。例如，Rubey（1951）根据不同研究者发表的美国9个土壤剖面的含碳量，推算了全球土壤有机碳库储量为710 Pg C。20世纪70年代，Bohn（1976，1982）利用土壤分布图及相关土组（soil association）的有机碳含量，估计出全球土壤有机碳库储量为2946 Pg C。这两个估计值成为当前全球土壤碳库储量的上下限。80年代，为了研究全球碳循环与气候、植被及人类活动等因素之间的相互关系，统计方法开始应用于土壤碳库储量的估计。例如，Post 等（1982）在 Holdridge 生命带模型的基础上研究了全球土壤碳密度的地理分布与植被和气候因子之间的相互关系，最后估计出全球1 m厚度的土壤有机碳库储量为1395 Pg C，这一数据被广泛引用。Dixon 等（1994）估算出全球森林土壤有机碳库储量约为787 Pg C，约占全球土壤有机碳库储量的56%。这也意味着森林土壤是一个巨大的有机碳库，在调节全球碳循环中具有十分重要的作用和地位。

近年来已有的区域和全国尺度上的土壤碳库储量研究以土壤普查资料为基础，利用地统计学、空间插值等方法进行估算，不同的研究者得到的结果存在一定的差异。这些差异源自土壤类型划分、土壤剖面数量等（Yu et al.，2008）。也有的采用模型模拟方法。例如，Piao 等（2009）通过建立土壤有机碳库储量和气候因子（温度、降水）、植被生物量等的统计方程，从而估算土壤有机碳库储量的变化，但这些方程仅能解释土壤有机碳库储量变化的23%～53%。Li 等（2003）根据气象及土地利用数据，利用一个生物地球化学模型 DNDC（denitrification-decomposition）对美国和中国土壤碳库进行模拟，结果表明，中国土壤碳库储量1990年减少了95 Tg C。Xie 等（2007）采用欧洲森林土壤固碳速率，估计中国森林土壤碳库的固碳速率，为11.72 Tg C/年。中国20世纪80年代土壤有机碳库储量为70～90 Pg C，而全球土壤固碳潜力为0.4～1.2 Pg C/年（Lal，2004）。森林土壤（1 m）的平均碳密度为143.3 Mg C/hm^2（Yu et al.，2008）。Piao 等（2009）利用土壤有机碳库储量与植被生物量及气候因子的多元回归方程，估计1982～1999年中国森林土壤碳库固碳速率为 4 Tg C/年。Wang 等（2007）利用 InTEC 模型估计土壤碳库储量 1950～1987 年年均增加 7.84 Tg C，1988～2001 年年均减少 61.54 Tg C。陈泮勤等（2008）采用模型估计的结果为中国森林土壤碳库储量年均减少 6 Tg C。

另外需要指出，相对于森林资源清查，全国范围的土壤普查仅有两次，与森林资源清查时间不一致，由此给估算森林生态系统碳储量、固碳速率带来误差。土壤普查以土壤类型为单元，与植被调查的数据在空间上不一致，给估算森林系统碳储量带来空间上的误差。

当前土壤碳循环仍是陆地碳循环研究中最不充分的部分，对土壤碳库储量的估计误差也很大。特别是区域尺度上的研究仍面临着大量需要解决的问题。

1.2.3　存在问题

当前，森林生态系统碳储量研究存在的问题主要体现在区域尺度森林生态系统碳库储量的估算研究中，主要表现在以下几个方面。

1. 缺乏区域尺度上系统性的且用于森林碳循环研究的基础数据

虽然目前我国在森林生态系统研究方面积累了不少数据，但数据的系统性和可比性较差，尤其在区域尺度乃至全国尺度上的数据还很匮乏。我国每 5 年一次的森林资源清查资料是目前仅有的国家尺度上可用于森林碳循环研究的基础数据，但是它针对的并不是碳循环研究，如缺少林下植被、凋落物、土壤等组分的调查数据。

2. 对区域尺度凋落物、土壤碳库的研究缺乏

我国众多学者都是基于森林资源清查数据对区域及全国的森林碳储量进行估算，都避开了凋落物、土壤碳库储量，仅对植被碳库储量进行了估算。即使有的学者对土壤碳库储量进行了估算，也仅是基于我国土壤普查的历史资料，或是基于文献收集，或是基于模型模拟，这都不可避免地带来很大的不确定性。与土壤碳库相比，凋落物碳库也是森林生态系统碳库中不可忽视的重要一部分，在不同森林植被类型、气候等条件下，凋落物量及其分解速率、碳含量具有不同程度的差异，凋落物碳库是森林生态系统碳库的重要组成部分，只有正确计算凋落物碳库储量才能得到准确的森林生态系统碳储量。

3. 区域尺度森林碳储量研究还存在很大的不确定性

纵观现有的研究成果可以看出，不论是对我国森林碳库现状的研究，还是在气候变化情景下对我国森林碳循环的预测都存在很大的不确定性。首先，森林面积的统计问题。方精云等（2007）基于 1989～1993 年和 1999～2003 年森林资源清查资料，得到全国森

林（郁闭度为 20%）面积增加了 1100 万 hm^2；但刘纪远等（2004）根据陆地卫星数据资料得到的结果表明，1990～2000 年我国林地面积减少了 100 万 hm^2；吴炳芳等（2014）的研究结果表明，我国森林面积在 1990～2000 年增加了 40 万 hm^2，在 2000～2010 年增加了 170 万 hm^2。森林面积问题是导致当前很多研究结果存在差异的一个重要因素。其次，研究缺乏系统性，不同研究之间在研究方法和技术上存在差异，使得区域之间的比较非常困难。

第 2 章　研究思路和研究内容

到目前为止，我国森林生态系统碳循环研究在样地尺度上已积累了很多点上的分散资料，但关于区域乃至全国尺度的研究还是极为有限，多数研究仍停留在斑块或点的水平上，并且由于各自研究方法和估算方法的差异，这些资料可比性较差，缺乏系统性，据此进行全国尺度上的推演将造成很大的不确定性。当前，我国在区域和国家尺度上对森林碳储量的估算基本上都是基于国家森林资源清查数据进行的（Fang et al.，2001；郭兆迪等，2013）。国家森林资源清查虽然具有全国或区域尺度上的统一性，但其针对的并不是碳循环研究，所以精度往往不高，存在较大的不确定性，并且没有包括林下植被、地表凋落物、根系及土壤等组分，因此不能全面反映我国森林生态系统碳库的状况。这些问题对我国的碳循环研究发展产生了非常不利的影响，尤其是在应对气候变化与碳减排的国际谈判上使得我国处于弱势地位。

我们此次在全国范围内展开大范围的样地调查，是一次真正的从生态学视角来准确弄清我国森林生态系统全组分碳库具体状况的工作。它将为我国应对气候变化的外交谈判提供科学依据，也为制定国家尺度碳管理政策措施提供依据，更重要的是为碳循环研究提供了统一的调查规范、研究平台和基础数据。

2.1　研 究 思 路

2.1.1　总体思路

根据我国气候带和植被类型的空间分布特征，可把我国的森林分为六大片区，按各片区的面积和森林类型及演替序列，共选择具有代表性的 7800 个样地，采取统一的标准和方法对我国森林生态系统碳储量分片进行调查。

利用调查资料准确估算我国不同森林生态系统类型的碳汇现状、固碳潜力和速率。根据植被类型的代表性，依托各片区的野外台站、工作基础和长期控制试验平台，对森林生态系统的固碳速率进行研究。着重依托野外台站的长期观测样地和长期试验，探讨自然环境梯度上森林生态系统的最大理论固碳潜力，通过不同演替序列的森林生态系统和自然林/人工林生态系统探讨人类活动干扰和管理下，森林碳储量结构和固碳速率的变化。通过对森林生态系统碳库各结构组分变化的研究，提出各区域森林生态系统碳库的稳定性维持机制。

在上述基础上，采用模型模拟的手段，分别从区域和全国尺度上准确地估算出我国森林生态系统的理论最大固碳潜力、现实固碳潜力和相对固碳潜力及对应的固碳速率，为我国在国际环境外交谈判中争取更多的排放权和指导各区域进行面向碳汇功能的森林经营管理提供理论依据。

本研究技术路线见图 2.1。

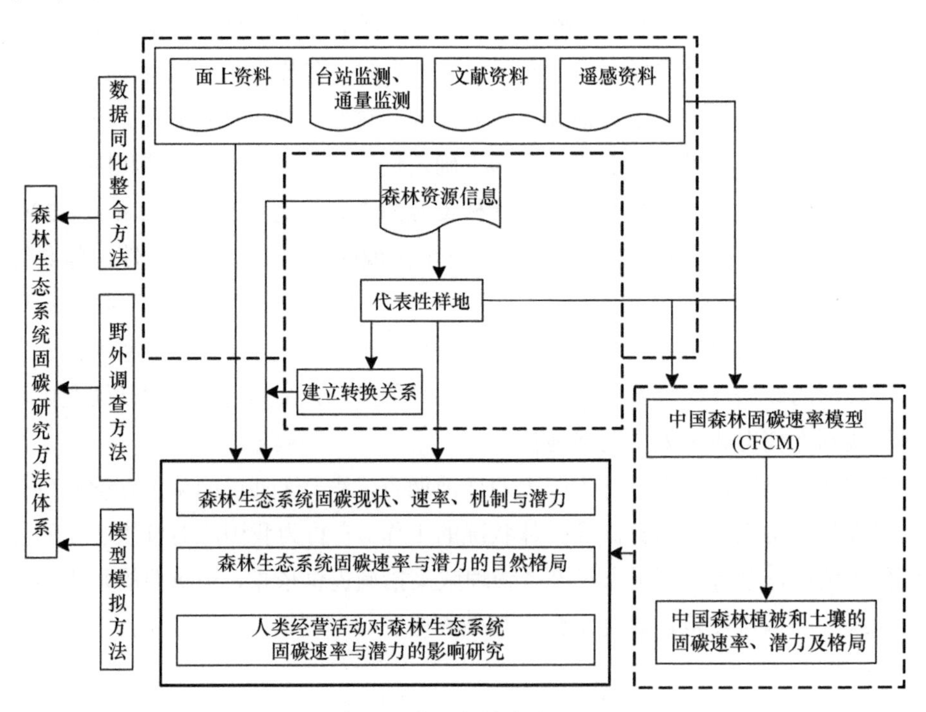

图 2.1　本研究技术路线图

2.1.2　具体思路

以我国森林资源分布特点为基础，综合考虑气候带和植被类型分布特征，瞄准固碳现状，固碳速率、潜力估算的刚性需求和固碳机制研究的科学性，将我国的森林分为六大片区：温带针叶针阔叶混交林区域、暖温带落叶阔叶林区域、亚热带常绿阔叶林区域、热带季雨林雨林区域、中西部温带植被区域和青藏高原高寒植被区域。片区名称上虽然没有考虑垂直地带性与局部水热环境下的自然森林与各种人工森林，但它们具有与水平地带性森林同等的重要性。每个片区成为一个独立的子课题，片区内按行政区域分别开展工作，保证统一性和工作效率，同时围绕片区内的共性问题为固碳机制研究提供良好的平台。

森林生态系统固碳现状、速率和潜力研究以省（自治区、直辖市）为基本单元开展工作，各省（自治区、直辖市）按照统一的方法收集森林资源清查资料。在对省（自治区、直辖市）内森林分布基本情况掌握的基础上选择具有代表性的森林，按照统一的方法设置调查样地，对森林生态系统内各组分进行调查。各省（自治区、直辖市）在进行调查的同时应收集整理相关的历年气候状况与土地利用情况等面上资料、森林资源清查资料及发表过的相关研究结果。野外调查资料与面上资料等逐级汇总成为全国森林生态系统固碳数据库，服务于森林生态系统固碳现状、速率与潜力研究。

调查工作的重点在于摸清楚每个森林生态系统各组分的碳储量，由此构建包括森林生态系统各组分（乔木、灌木、草本、凋落物、土壤）的森林碳储量数据库。通过面上数据，结合参照系（长期定位研究站）资料，估算森林生态系统固碳速率和潜力。

2.2　研 究 内 容

2.2.1　森林生态系统碳库现状及格局

以本研究选取的调查样地的调查资料为基础，结合各个区域长期的调查资料，弄清楚典型森林生态系统碳库结构（森林活体部分、灌木与草本层、凋落物层、土壤矿物质层）、碳储量及其水平空间分布。

在上述基础上，阐明不同森林生态系统类型的碳储量和不同空间尺度下森林生态系统的碳储量，实现对中国森林生态系统碳库现状及其空间格局的掌握。

2.2.2　森林生态系统固碳速率与潜力

本研究内容以中国科学院和其他部门有实力的森林站点的长期研究为基础。这些森林站点分布在本研究划分的六大片区中，分别拥有所在区域的典型森林生态系统序列，对生态系统碳库及其变化动态和环境因素进行了长期的定位研究。通过制定统一的数据归化格式，有望获得可比较的数据，进而通过群落生物量积累模型、反演技术、土壤有机碳估算技术等一系列手段，弄清楚森林生态系统固碳速率与潜力的调控因素，揭示其机制。

2.2.3　森林生态系统固碳速率与潜力的自然格局

本小节研究自然生态系统的固碳速率与潜力受水分梯度（由东到西）、热量梯度（由南到北）及其复合作用（如大型山体）驱动所形成的自然格局。我们定义自然生态系统为至少 30 年没有受到人类经营活动影响的森林生态系统。以本研究选取的调查样地的调查资料为基础，结合各个区域长期的调查资料和森林站点的长期研究结果，通过生物量和土壤有机质增量法、时空互代法阐述自然森林生态系统固碳速率与潜力在空间上的分配规律。

2.2.4 中国森林生态系统固碳现状、速率和潜力的整合分析

整合分析我国自然森林生态系统和人工森林生态系统的理论最大固碳潜力和固碳速率。筛选出各气候区域内具高固碳速率及高固碳潜力的森林生态系统，供以增加碳汇为主要目的的经营管理人员参考。对各层次数据进行同化及评价，由 GIS 平台实现研究结果的可视化，结合遥感数据和碳循环模型在区域尺度上对中国森林生态系统固碳潜力、速率模拟，与由调查结果得出的潜力、速率进行比较并评价；在区域尺度上通过模型模拟，分析不同情景（自然环境因素变化、土地利用/覆盖变化、城市化、干扰和管理等）下中国森林生态系统固碳速率和潜力的变化及其维持机制。提出国际认可的中国森林生态系统固碳研究方法体系和提高中国森林生态系统固碳功能的理论框架体系。组织中国通量观测研究联盟（ChinaFLUX）开展联网研究，运用持续的涡度相关资料估算不同区域森林生态系统的固碳速率和潜力，并与基于测定结果统计推算的固碳速率、潜力进行比较；组织森林台站联网研究，基于典型森林生态系统的长期监测资料估算各区域典型森林生态系统的理论固碳潜力与速率，与本研究调查测定的结果进行比较。

第 3 章　森林固碳调查规范和估算体系

目前我国在全国尺度上对森林生态系统碳库的测定和评估还缺乏统一和规范化的方法体系，而国家森林资源清查虽然具有全国或区域尺度上的统一性，但其针对的并不是碳循环研究，所以精度往往不高，存在较大的不确定性，并且没有包括林下植被、地表凋落物、根系及土壤等组分，不能全面反映森林生态系统碳库的状况。我国现有的森林碳循环研究成果大都集中在样地尺度上，虽然全面涵盖了森林生态系统各个组分且相对准确，但往往局限于某些地理区域或森林类型而代表性不强，相互之间由于缺乏统一的方法也不具有可比性，据此进行全国尺度上的推演将造成很大的不确定性。

我们此次在全国范围内展开大范围的样地调查，是一次真正的从生态学视角来准确弄清我国森林生态系统全组分碳库具体状况的工作。它将为我国应对气候变化的外交谈判提供科学依据，也为制定国家尺度碳管理政策措施提供依据，更重要的是为碳循环研究提供了统一的调查规范、研究平台和基础数据。而这一切的前提则是首先要制定出适合于我国森林生态系统碳库调查的规范化方案和估算方法，并且在这套规范体系的指导下展开样地调查，这样才能使得最终调查数据具备可靠性、可比性、可检验性。同时，调查样地的设立必须能够代表我国森林资源的基本情况，这样才能保证由样地尺度向国家尺度外推有足够的精度。

本章内容着重阐述森林固碳调查规范和估算体系，并对最终获取的样地数据在代表性方面进行了质量评估。

3.1　森林固碳调查规范

森林固碳调查规范主要包括调查样点及样地的布设与代表性论证、调查方案的确定和实施、样品测定和分析、数据质量评估和控制四个方面，下面进行简要介绍，具体内容请参考《生态系统固碳观测与调查技术规范》一书。

3.1.1　调查样点布设

根据我国气候带、自然地理和植被类型空间分布的实际情况及规范实施的可操作性，采用抽样与行政区划分相结合的方法，对我国森林进行抽样和野外调查样点的布设。

首先，以我国森林资源分布特点为基础，综合考虑气候带和植被类型分布特征，瞄准我国森林固碳现状，固碳速率及潜力估算的刚性需求和固碳机制研究的科学性，将我国的森林分为六大片区：温带针叶针阔叶混交林区域、暖温带落叶阔叶林区域、亚热带常绿阔叶林区域、热带季雨林雨林区域、中西部温带植被区域和青藏高原高寒植被区域。再根据各片区植被类型分布特征及其变异程度，确定不同片区网格单元大小。由此在全国共设置了 35 800 个网格，其中面积为 900 km^2 的网格 6700 个，面积为 400 km^2 的网格 2400 个，面积为 100 km^2 的网格 26 700 个（图 3.1）。

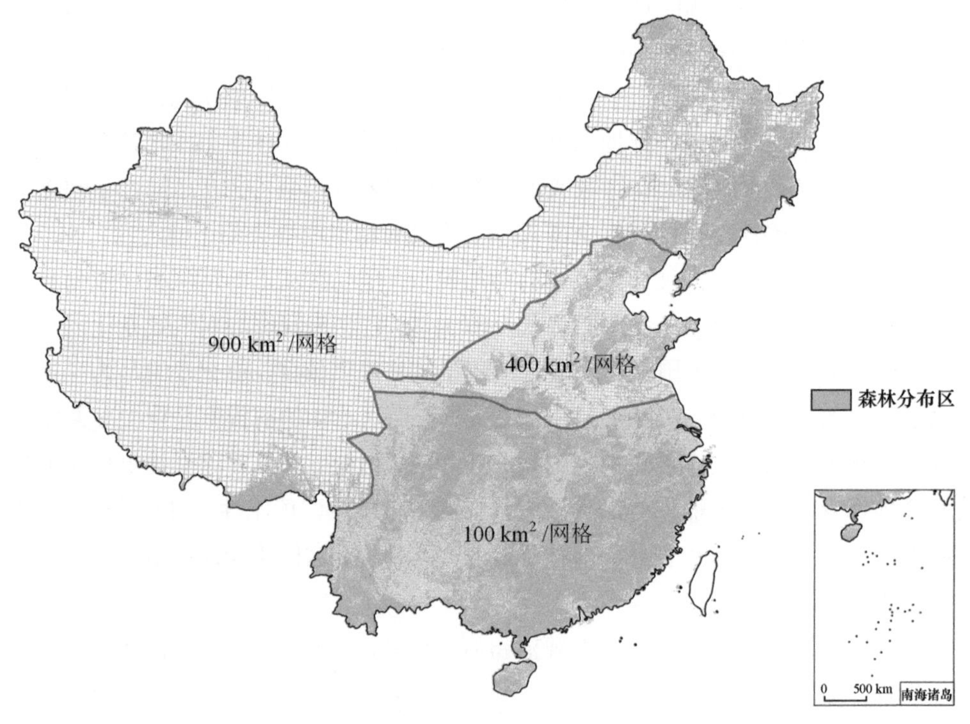

图 3.1 基于植被分布、气候条件和地理特征的网格划分

100 km^2 网格分布在热带及亚热带区域，400 km^2 网格分布在暖温带区域，900 km^2 分布在温带及高山高寒区域；此调查不包括台湾省

然后，在充分考虑我国森林植被分布现状、林业经营管理、重大林业工程分布特征联系的基础上，我们共抽取了 380 个网格对我国森林生态系统进行调查。按每个网格内约布设 7 个样点计算（样点数取决于森林类型的复杂程度），在全国设置 2600 个样点，满足了代表性森林生态系统调查要求的最少样点数。

3.1.2 样地设置与调查

样点需覆盖省（自治区、直辖市）内的主要森林类型及各主要类型的幼龄林、中龄林、近熟林、成熟林和过熟林。每个复查和调查样点均设置 3 个重复样地，样地间距至少为 100 m。这样在全国共布设了 7800 个样地。

样地布置好后，对样地内乔木、林下植被（灌木和草本）、凋落物及土壤层展开调查，并填写相关信息于乔木层调查记录表、灌木层调查记录表和草本层调查记录表中。

3.1.3 样地代表性

本研究在全国森林分布区域所选择的样地基本涵盖了我国森林的主要类型、不同演替阶段/经营管理模式，具有广泛的代表性。在全面了解森林资源基本状况的基础上，遵循《IPCC 优良做法指南》提出的 3%～5%随机抽样原则进行样地的布设，这也是我国首次大规模以森林生态系统为研究对象布设样地。

从样地空间分布看，基本都位于我国的主要林区（图 3.2），从而保证了这些样地能够代表我国森林资源的现实状况。

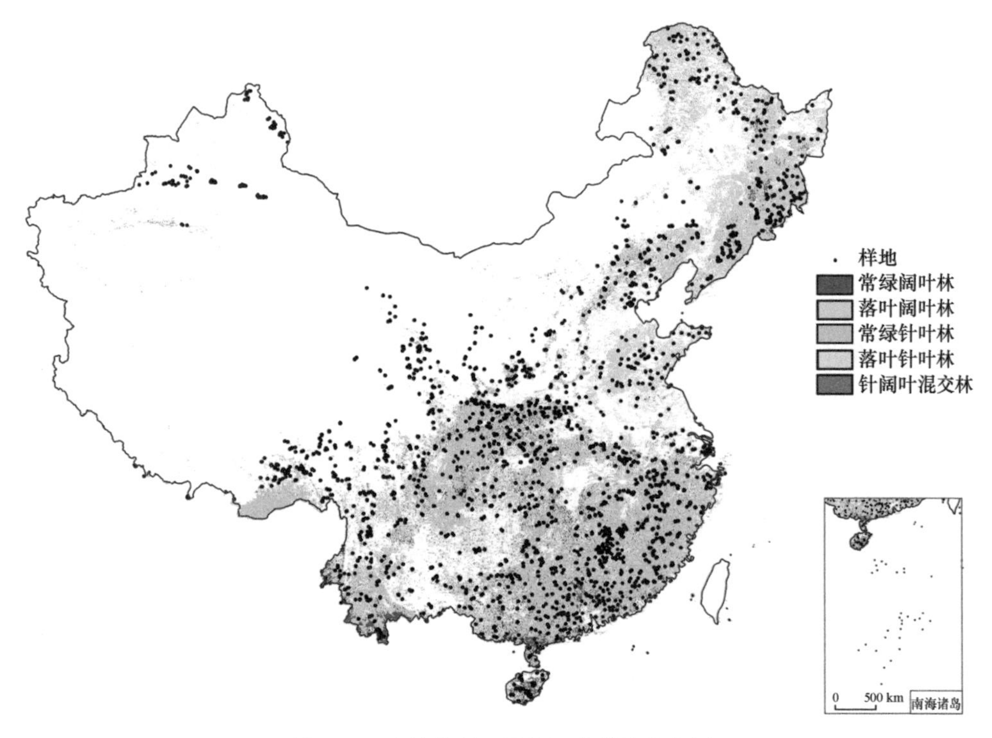

图 3.2 “森林课题”野外调查样地分布图

此调查不包括台湾省

从样地起源来看，在“森林课题”调查的样地中，自然林、人工林样点数所占比例分别为 56%和 44%。图 3.3 展示了我国人工林和自然林分布面积比例与本研究调查获取的人工林和自然林分布面积比例情况的对比，这一结果接近我国森林起源的比例（根据第七次全国森林资源清查公布的结果）。

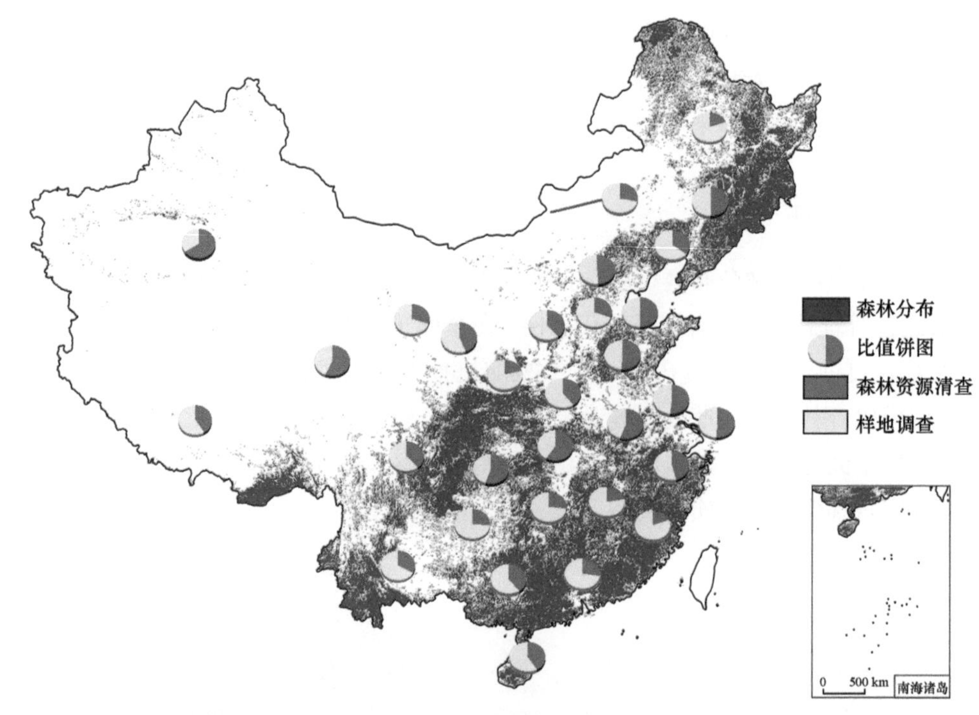

图 3.3 调查样地中人工林和自然林比例与全国人工林和自然林分布面积比例情况的对比

饼图中黄色表示在各省设置的人工林和自然林样地数的比值，橙色表示森林清查的人工林和自然林面积的比值；二者各占饼图的部分越接近 50%，则样地设置在森林起源方面的代表性就越强；全国人工林和自然林分布面积来源于第七次森林资源清查报告；此调查不包括台湾省

从样地的演替阶段（自然林）或龄级（人工林）来看，野外调查样地中，自然林演替顶级样地占 27%，自然林的分布与林业部门公布的天然林分布区域较一致。人工林中幼龄林、中龄林、成熟林的样地数量比例分别为 30%、43%、27%，这与国家林业局第七次森林资源清查公布的中幼龄林比例为 70%相符。

对这些样地采用统一的方法进行野外调查、采样和实验室分析测试，确保了数据的准确性和精度，为估算中国森林的固碳现状和潜力奠定了基础。通过样地调查不仅可以获得样地尺度的全组分碳库信息，还为建立森林生态系统各组分碳库间转换关系提供了依据，从而可以同化已有面上资料实现较长时间尺度森林固碳速率的估算；由样地精细调查获得的数据还为模型参数化提供了大量实测数据。

3.2 森林固碳估算体系

3.2.1 样地尺度的森林碳库储量估算方法

按照《IPCC 优良做法指南》（IPCC，2003）和《IPCC 清单指南》（IPCC，2006）的建议，森林生态系统碳库主要包括乔木层碳库、林下植被碳库、凋落物碳库及土壤碳库四大组分。

$$C = C_{\mathrm{Tr}} + C_{\mathrm{Sh}} + C_{\mathrm{L}} + C_{\mathrm{SOC}} \tag{3.1}$$

式中，C 是森林生态系统碳库总储量（Mg C/hm^2）；C_{Tr}、C_{Sh}、C_{L}、C_{SOC} 分别是森林生态系统乔木、林下植被、凋落物及土壤碳库储量（Mg C/hm^2）。

3.2.1.1　乔木层碳库储量的估算

按照优势树种对调查样地内所有乔木的胸径、树高等信息进行归类，选择树种对应的生物量异速生长方程，计算样地内所有乔木各器官生物量及单株总生物量。没有对应生物量异速生长方程的树种可采用树形、高度和冠幅最接近的树种的生物量方程进行计算。根据树种各器官的碳含量将生物量转换为碳储量，将样地内所有树种的单株碳储量相加即得到样地乔木层总的碳储量，除以样地总面积换算求得单位面积碳储量（Mg C/hm^2）。

$$C_{\mathrm{Tr}} = \sum_{j=1}^{J} \sum_{i=\mathrm{l,b,s,r}} [f_{\mathrm{Tr}_{j,i}}(D,H) \times \mathrm{CF}_{\mathrm{Tr}_{j,i}}] \times 10\,000 / \mathrm{AP} \tag{3.2}$$

式中，$f_{\mathrm{Tr}_{j,i}}(D,H)$ 是树种 j 器官 i（l、b、s、r 分别代表叶、枝、干、根）生物量异速生长方程（t DM/株）；J 代表树种类型；D 代表树木的胸径（cm）；H 代表树木的高度（m）；$\mathrm{CF}_{\mathrm{Tr}_{j,i}}$ 是树种 j 器官 i 的平均碳含量；AP 是样地面积（m^2）。

3.2.1.2　林下植被碳库储量的估算

对林下植被生物量进行估算可通过以下两个途径：①归类、汇总调查样地林下植被的株高、基径等信息，用合适的生物量方程估算各器官生物量及单株生物量；②通过收获法测定野外调查设定样方内灌木的叶、枝干、根和草本的地上、地下生物量鲜重，并采集小样本回实验室获得干重与鲜重比例，换算出样方内灌木和草本的生物量干重。根据植株各器官的碳含量将生物量转换为碳储量，除以样方面积，获得单位面积碳储量（Mg C/hm^2）。

（1）估算途径 1：

$$C_{\mathrm{Sh}} = \sum_{j=1}^{J} \sum_{i} (f_{\mathrm{Sh}_{j,i}}(D,H) \times \mathrm{CF}_{\mathrm{Sh}_{j,i}}) \times 10\,000 / \mathrm{AP} \tag{3.3}$$

式中，$f_{\mathrm{Sh}_{j,i}}(D,H)$ 是林下植被 j 器官 i（灌木叶、枝干、根，草本地上、地下）的生物量异速生长方程（t DM/株）；$\mathrm{CF}_{\mathrm{Sh}_{j,i}}$ 是林下植被 j 器官 i 平均碳含量；AP 是样地面积（m^2）。

（2）估算途径 2：

$$C_{\mathrm{Sh}} = \sum_{j=1}^{J} \sum_{i} (B_{\mathrm{Sh}_{j,i}} \times \mathrm{CF}_{\mathrm{Sh}_{j,i}}) \times 10\,000 / \mathrm{AP} \tag{3.4}$$

式中，$B_{\mathrm{Sh}_{j,i}}$、$\mathrm{CF}_{\mathrm{Sh}_{j,i}}$ 分别表示林下树种 j 器官 i 的生物量（t DM/株）和平均碳含量。

3.2.1.3 凋落物碳库储量的估算

样地内凋落物现存量的测定采用收获法，通过测定小样地内凋落物的鲜重并采小样获得干重与鲜重比例，换算出样地中凋落物的干重（t DM），根据凋落物的碳含量计算凋落物的碳储量，除以样方面积，换算出单位面积凋落物碳储量（Mg C/hm^2）。

$$C_{\mathrm{L}} = L \times \mathrm{CF}_L \times 10\,000 / \mathrm{AP} \tag{3.5}$$

式中，L 是样地中凋落物现存量（t DM/m^2）；CF_{L} 是凋落物平均碳含量；AP 是样地面积（m^2）。

3.2.1.4 土壤有机碳库储量的估算

根据分层采样测定的土壤有机碳含量、容重和对应的土壤层厚度分别计算 0～10 cm、10～20 cm、20～30 cm、30～50 cm、50～100 cm 土壤的有机碳密度（厚度不及 100 cm 的土壤剖面以实际厚度计算），各层累加即为土壤有机碳库储量（Mg C/hm^2）。公式如下：

$$C_{\mathrm{SOC}} = \sum_{i=1}^{5}[\frac{1}{10}\mathrm{SOCC}_i \times \mathrm{BD}_i \times \mathrm{depth}_i] \tag{3.6}$$

式中，SOCC_i 是第 i 层（i=1，2，3，4，5，分别代表 0～10 cm、10～20 cm、20～30 cm、30～50 cm、50～100 cm）土壤有机碳含量（g/kg）；BD_i 是第 i 层土壤容重（g/cm^3）；depth_i 是第 i 层土壤的厚度（cm）。

3.2.2 区域尺度的森林碳库储量估算方法

根据以下 3 个途径进行估算：①基于样地调查数据和土地覆被分类数据；②基于样地调查数据、森林资源清查资料和遥感数据；③基于碳库组分偶联关系地理统计模式。对比分析由这 3 个途径获得的区域碳储量及其估算精度，并根据省（自治区、直辖市）获取的面上数据情况，选择估算区域森林生态系统碳储量的最优方法。

3.2.2.1 基于样地调查数据和土地覆被分类数据的直接统计分析

以调查样地为基本单位，按森林类型对各省（自治区、直辖市）、片区调查样地信息进行归类汇总，获得各区域森林类型生态系统组分（乔木、林下植被、凋落物和土壤）的平均碳密度，并通过土地覆被分类数据获取各主要森林类型在全国各省（自治区、直辖市）、片区的空间分布及面积，相乘、累加获得省（自治区、直辖市）、片区主要森林类型生态系统碳储量。

$$C = \sum_{k=1}^{K}\sum_{i=1}^{I}(C_{i,k} \times A_{i,k}) \tag{3.7}$$

式中，$C_{i,k}$ 是 k 区域 i 森林类型的碳密度（Mg C/hm^2）；$A_{i,k}$ 是 k 区域 i 森林类型的分布面积（hm^2）。

土地覆被分类数据采用“碳专项”的遥感课题的 ChinaCover 数据（吴炳方等，2014）。但受遥感数据的分类精度限制，只能获取主要森林类型的分布面积及空间格局，难以细分到各优势树种（植被类型），更难以区分不同龄组的分布。因此在估算过程中，需要将样地调查数据中按林型进一步归并，以与土地覆被分类数据相对应。

该途径的优点在于能直接利用样地调查数据估算得到相对准确的森林生态系统碳储量，缺点在于无法得到各优势树种（植被类型）及龄组的分布面积，导致最终得到的碳储量数据比较粗略，尤其是进行后续的速率估算会比较困难。

3.2.2.2　基于样地调查数据、森林资源清查资料和遥感数据的整合分析

按森林类型对样地调查资料进行归类汇总，获得不同森林类型的平均碳密度。利用森林资源清查资料和遥感数据耦合得到更为详细的主要森林类型的面积及其空间分布格局。由各森林类型的碳密度与其分布面积，即可估算省（自治区、直辖市）、片区尺度主要森林类型碳储量。

利用森林资源清查资料和遥感数据耦合，获取各优势树种（植被类型）及龄组的分布面积：①由森林资源清查资料中各优势树种及龄组的分布面积，计算出其占总面积的比例；②由遥感数据获取主要森林类型的总面积。由①、②的乘积即可得到研究区域各优势树种及龄组较为详细的分布面积。

该途径保留了基于样地调查数据和土地覆被分类数据估算碳库储量途径的优点，并采用森林资源清查资料中的面积数据和遥感数据相耦合，得到更加精确、详细的各优势树种（植被类型）及龄组的分布面积，使得最终估算的森林生态系统碳储量更为准确、翔实。所用到的遥感数据来源于“碳专项”的遥感课题的 ChinaCover 数据，缺点同途径一，进行后续的速率估算会比较困难。

3.2.2.3　基于碳库组分偶联关系地理统计模式的综合评估

从森林资源清查资料中提取各优势树种（植被类型）及龄组的空间分布及材积、生物量等信息，采用 IPCC 推荐的材积-生物量转化法，利用生物量转换与扩展因子（BCEF）将森林蓄积量转变为生物量，进而获得各森林类型乔木层碳库储量。结合样地调查获取的各区域不同森林类型生态系统各组分碳库间的转换关系，估算相应类型生态系统其他组分碳库储量，并结合基于样地调查数据、森林资源清查数据和遥感数据估算碳库储量途径中利用森林资源清查资料和遥感数据耦合得到的主要森林类型面积，集成得到省

（自治区、直辖市）、片区所有森林类型碳储量：

$$C_{\mathrm{F}} = \sum_{k=1}^{K}\sum_{i=1}^{I}\sum_{j=1}^{J}(C_{\mathrm{F}_{i,j,k}} \times A_{\mathrm{F}_{i,j,k}}) \tag{3.8}$$

式中，$C_{\mathrm{F}_{i,j,k}}$ 是 k 区域 i 森林类型 j 林龄的碳密度（Mg C/hm^2）；$A_{\mathrm{F}_{i,j,k}}$ 是 k 区域 i 森林类型 j 林龄的分布面积（hm^2）。

该途径的优点在于整合了样地调查、森林资源清查、遥感手段三种方法的优势，充分利用各种多源数据，从森林生态系统碳密度的估算到分布面积的获取，都更加真实准确和翔实，尤其是后续的速率估算，可以充分利用多期的森林资源清查资料、遥感数据，采用时间序列法得到更加准确的估算结果。缺点在于对多源数据的依赖性高。

3.2.3 森林生态系统固碳速率的估算

森林生态系统固碳速率即单位时间碳储量的变化量，通常以 Mg C/（hm^2·年）为单位，其估算方法有时间序列法和时空互代法。

3.2.3.1 代表性森林生态系统固碳速率的估算

利用不同时期森林生态系统碳储量的变化量来估算固碳速率：

$$\Delta C_{\mathrm{F}} = \frac{(C_{\mathrm{F}_{t_2}} - C_{\mathrm{F}_{t_1}})}{(t_2 - t_1)} \tag{3.9}$$

式中，ΔC_{F} 为森林生态系统固碳速率［Mg C/（hm^2·年）］；$C_{\mathrm{F}_{t_1}}$、$C_{\mathrm{F}_{t_2}}$ 分别为 t_1、t_2 时间的碳储量（Tg C）。

对于只有一次调查结果的，用空间代替时间，通过建立森林生态系统碳储量随林龄不同而变化的经验关系方程来确定固碳速率。

3.2.3.2 区域森林生态系统固碳速率的估算

根据上述区域森林生态系统碳储量的估算方法，由样地调查数据结合多期森林资源清查资料、遥感数据估算出不同时期森林生态系统碳储量，从而获取省（自治区、直辖市）、片区各森林类型碳储量在单位时间间隔内的变化量，采用时间序列法计算区域森林生态系统固碳速率。

3.2.4 森林生态系统固碳潜力的评估

理论上，随着森林成长，其植被和土壤碳密度将会达到一个饱和状态，即存在碳密度上限或称为固碳潜力。大量研究表明，森林碳密度与林龄之间存在显著的关系，如何确定森林生物量与林龄的关系是个关键的因素。因此，研究演替理论、植被和土壤与林龄的关系将为准确评估区域尺度森林生态系统固碳潜力提供重要的理论依据和途径。此外，准确评估生态系统固碳潜力将帮助人们更深入地理解生态系统碳储量对自然和人为干扰的响应机制，并为我们制定提高陆地生态系统固碳能力的策略提供重要的参考。固碳潜力可以用理论最大固碳潜力和相对固碳潜力来表示，均以 Mg C/hm^2 为单位。

3.2.4.1　理论最大固碳潜力

通过选择适当的参照系来评估某一森林类型的理论最大固碳潜力。根据森林演替理论，选择演替顶级自然林作为评估自然林生态系统理论最大固碳潜力的参照系，而人工林理论最大固碳潜力应选择相应的成熟人工林作为参照系进行评估。计算方法表示如下：

自然林理论最大固碳潜力=演替顶级自然林碳密度–自然林平均碳密度

人工林理论最大固碳潜力=成熟人工林碳密度–人工林平均碳密度

区域森林生态系统理论最大固碳潜力为区域内［地县-市-省（自治区）-片区］各类型森林生态系统理论最大固碳潜力之和。各片区各类型森林生态系统固碳潜力之和即为全国森林生态系统理论最大固碳潜力。

3.2.4.2　相对固碳潜力

假设各自然生态系统类型面积保持不变，利用平均碳密度与参考值（分别设为 5%、10%、20%、25%样地的平均值）的差值估算理论固碳潜力：

$$C_{\mathrm{spr},i,j}=\sum_{k=1}^{n_j}(\overline{\mathrm{CD}_{i,j,k}}-\overline{\mathrm{CD}_{j,k}})\times A_{j,k} \tag{3.10}$$

$$C_{\mathrm{spn},i}=\sum_{j=1}^{n}C_{\mathrm{spr},i,j} \tag{3.11}$$

式中，i 代表 5%、10%、20%和 25%的参考标准；j 代表区域；k 代表植被类型；$C_{\mathrm{spr},i,j}$ 代表 j 区域 i 植被类型的固碳潜力；$\overline{\mathrm{CD}_{i,j,k}}$ 代表 j 区域 k 植被类型最高的 i 个样地的平均碳密度；$\overline{\mathrm{CD}_{j,k}}$ 代表 j 区域 k 植被类型的平均碳密度；$A_{j,k}$ 代表 j 区域 k 植被类型的面积（hm^2）。

第 4 章　中国森林固碳关键参数

众所周知，对森林的碳储量很难直接测定计算，只能基于清单调查数据进行尺度推演。因此，调查样地的属性特征（林型、演替阶段、样地数量和所在空间位置等）需要有足够的代表性，要能代表研究区域的森林生态系统总体情况，由此才能利用样地调查结果实现由点及面的区域森林碳储量的估算。在前面的章节中已经进行过样地代表性的阐述，本章需要指出的是，在整个森林固碳估算过程中，有 5 个关键参数是必须考虑的，在这里把它们分为三类：一是对于植被组分（乔木、灌木、草本、枯死木及凋落物）碳储量，普遍采用的方法是间接利用森林生物量估算值和组成树种的碳含量转换系数推算而得（Woodall and Monleon，2008），森林生物量和碳含量转换系数是精确估算森林植被碳储量的两个关键因子（Bert and Danjon，2006）；二是对于土壤组分碳储量，采用土壤剖面调查实测结果，由土壤容重和有机碳含量而得，在推演大尺度的土壤碳储量时，土壤砾石含量和土壤厚度是两个必须考虑的关键因子，尤其是中国南方地区的喀斯特森林更为典型，必须要考虑到土壤的不连续分布特征；三是最容易忽视的关键参数，为森林面积。下面就这 5 个固碳关键参数逐一阐述。

4.1　生物量方程

森林生物量及其生产力的大小是评价森林碳循环贡献的基础（Fang et al.，2001；Cronan，2003；Houghton，2005；Muukkonen，2006；Woodbury et al.，2007）。以往生物量是通过林木体积乘以木材密度来估算的，在实践工作中，为了简便和提高估算精度，经常区别林木组成的分量和测树因子的关系，建立各分量的回归估计模型。各分量生物量之和即为林木生长量的估计值。建立生物量估计模型时，常选用林木胸径（D）、树高（H）及 D^2H 为自变量来间接评估生物量，即一是采用生物量换算因子法；二是采用生物量方程（Somogyi et al.，2007）。两种方法都包含林木水平和林分水平两种情况，然而，林木水平因子的重要性正在不断提升，新的研究将最可能偏好使用林木水平因子或方程（Somogyi et al.，2007）。因此，开展森林生物量监测，最重要的基础工作就是建立全国的立木生物量方程。尤其是像中国这样一个经纬度跨度很大、气候条件变异非常大的国家，开展全国森林生物量监测和评估，建立适合较大区域范围的通用性立木生物量模型将成为必然趋势。

本节内容仅对生物量方程的构建思路、数据和方法及检验进行简要阐述，具体内容请参见《中国森林生态系统碳储量：生物量方程》一书。

4.1.1　生物量方程构建的基本思路

我们采用最具有代表性和普遍应用的一种回归模型，即相对生长模型（非线性模型）作为模型建立的主要依据，在参照 Jennifer 等（2004）的方法及 West 等（1999）提出的异速生长扩展理论的基础上，对基于立木胸径（D）、树高（H）等测树因子的相对生长模型进行赋值，即在收集、筛选已发表文献中生物量方程的基础上，分别以 D 和 D^2H 为自变量，将所有已发表文献中各省（自治区、直辖市）优势树种生物量方程参数初始化，以分器官生物量（W，kg）为因变量，依据野外实测数据对参数［测树因子：胸径（cm）、树高（m）］进行赋值，计算得到一系列生物量数据模拟结果，构成分树种分器官生物量数据库，然后从这些数据库中每次随机抽取 300 个数据，用最小二乘支持向量机（least squares support vector machine，LS-SVM）法对生物量模型进行优化，得到优化后的分省（自治区、直辖市）优势树种生物量方程［$W=aD^b$ 或 $W= a(D^2H)^b$］。

4.1.2　生物量方程构建的数据和方法

4.1.2.1　数据来源

1. 野外样地调查与数据获取

用于生物量模型拟合的数据均为“森林课题”所提供的野外实测数据，采用抽样调查的方法，随机布点，涵盖了全国 7800 个中国典型森林生态系统样地。

2. 文献方程数据

参照几位学者的研究方法（Jennifer et al.，2004；David and Jennifer，2010），通过查询中国学术期刊网络出版总库（中国知网）、万方数据知识服务平台等，收集使用标准调查方法得到的符合生物学规律的原始生物量方程。通过专业的判断舍弃那些明显不符合生物学逻辑的方程，如明显出现负值的、方程的形式完全违背立木几何学规律的、方程决定系数偏低的等。从 600 多篇文献中共筛选整理出约 900 套生物量方程数据，这些数据涵盖了中国 31 个省（自治区、直辖市）主要优势树种自 1970 年以来近 40 多年的生物量方程研究结果。对这些方程进一步筛选，对于那些有统计学意义但不符合生物学意义的方程，则优先考虑方程的生物学意义，最终筛选出 500 多套幂函数形式的生物量方程作为本研究建立生物量模型的基础数据库。

3. 联网监测数据

本研究构建生物量方程用到的部分数据为国家森林生态站联网监测数据。目前，国家林业局所属的国家级森林生态站实现了对我国 9 个植被气候区和 48 个地带性植被类型的全覆盖，组建了横跨 30 个纬度的全国性监测网络，形成了由南向北以热量驱动、由东向西以水分驱动的森林生态状况梯度观测网。

4.1.2.2 生物量方程构建方法

1. 数据筛选与统计方法

以“森林课题”野外实测资料为基础，以中国不同气候带主要森林生态系统类型为对象，在参考以往的研究方法和生物量模型的基础上，用最小二乘支持向量机法进行参数优化来构建一套包括林分的从区域到全国尺度的生物量方程。为了保证所收集到的生物量方程的代表性、真实性和可比性，利用以下 3 条标准对所获取的文献及生物量方程数据进行了严格筛选：仅限于以生长状态稳定的林分为对象的研究；使用标准调查方法得到的符合生物学规律的生物量方程；根据林学和植物学的专业知识评估其合理性。

从 600 多篇文献中共筛选整理出约 900 套生物量方程数据，每条数据包括：研究地[地名、经度（°）、纬度（°）和海拔（m）]、气候指标[年平均温度（℃）和年平均降水量（mm）]、林分概况[土壤类型、林分起源、树种组成、林龄（年）、平均胸径（cm）、平均树高（m）、林分密度（株/hm^2）、立木蓄积量（m^3/hm^2）]、乔木层生物量[树干（kg）、树枝（kg）、树叶（kg）、根（kg）]、乔木层分器官生物量方程[研究时间、方法、物种、标准木数量（株）、回归方程、决定系数]。

2. 构建方法

首先，将收集到的已发表的文献中各省（自治区、直辖市）优势树种生物量方程参数初始化，分别以 D 和 D^2H 为自变量，以分器官生物量（kg）为因变量，依据野外实测数据对参数[测树因子：胸径（cm）、树高（m）]进行赋值，计算得到一系列生物量数据模拟结果，构成生物量数据库，然后从这些数据库中每次抽取 300 个数据，用最小二乘支持向量机法对生物量方程进行优化，得到优化后的分省（自治区、直辖市）优势树种生物量方程[$W=aD^b$ 或 $W=a(D^2H)^b$]。这些省（自治区、直辖市）的文献方程都是一些个案研究，将这些方程都综合考虑进行参数优化，能消除整个区域由于立地条件、土壤、气候因素、林分概况等要素的不同而导致的差异，并用各省（自治区、直辖市）该树种标准木野外调查的实测数据进行检验。

其次，“森林课题”部分省（自治区、直辖市）提供了优势树种标准木的数据，为了补充和校验文献方程，本研究也用相同的方法，用标准木数据对生物量方程进行拟合。

由于部分树种的生物量方程在文献中未见报道，本研究将各省（自治区、直辖市）已有的优势树种归纳为 3 类：针叶林、阔叶林、针阔叶混交林，以这些省（自治区、直辖市）优势树种生物量方程为基础，采用类似的方法，通过参数优化拟合省（自治区、直辖市）尺度混合树种生物量方程，即针叶林生物量方程、阔叶林生物量方程、针阔叶混交林生物量方程，以此来解决因某一树种缺失生物量方程或因样方调查时无法准确辨认详细的物种信息而无法估算林分生物量的情况。

以浙江省杉木为例，共收集到文献方程 6 套（每套包含干、枝、叶、根生物量方程各一组）（林生明等，1991；吴金友和李俊清，2010；周国模等，1996；袁位高等，2009；张茂震和王广兴，2008；侯振宏等，2009），运用上述方法，对每组生物量方程进行赋值，然后进行生物量方程迭代优化（图 4.1），最后得到浙江省杉木的分器官生物量模型 $W=aD^b$ 和 $W=a(D^2H)^b$。在各省（自治区、直辖市）优势树种生物量方程的基础上，除了这些优势种外，其他乔木的生物量方程可能文献报道很少，或者没有报道，这部分树种的生物量方程拟合也运用上述相同的方法，参照 David 和 Jennifer（2010）的方法，拟合混合树种（针叶林、阔叶林、针阔叶混交林）生物量模型。在省（自治区、直辖市）尺度生物量模型的基础上，参照 Fang 等（2001）的分类方法，将全国树种分为 6 个群系 22 个种（组），分别构建群系混合树种生物量模型和全国优势种（组）生物量方程（见附录一）。

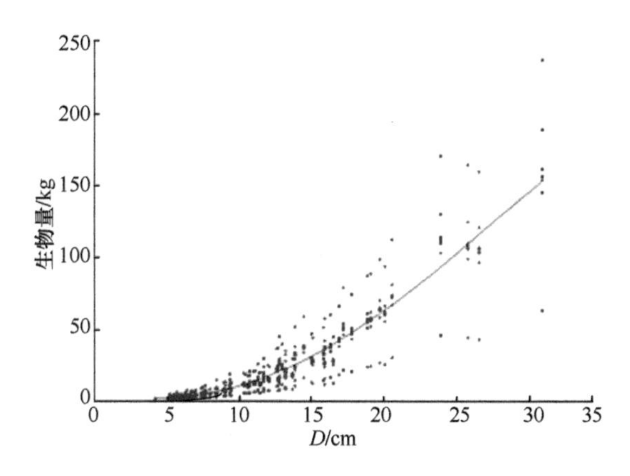

图 4.1　浙江省杉木生物量方程迭代优化过程

4.1.3　生物量方程的检验

1. 基于标准木实测值的检验

生物量方程的验证方法之一是方程预测值与标准木实测值二者进行差异显著性检验。以广东省马尾松为例，将野外实测的广东省马尾松标准木 1.3 m 胸径（D）代入本研究拟合的广东省马尾松一元生物量方程，将胸径（D）和树高（H）代入广东省二元生物量方程，分别得到马尾松分器官生物量模拟值。

结果表明，除了枝的模拟值在大径级范围内结果偏大以外，其他分器官生物量方程的模拟值与实测值均无统计上的显著差异，统计检验 P 值分别为 0.0883、0.08，均大于 0.05（图 4.2）。同时可以明显看出：对于大径级个体而言，方程的模拟值与实测值的

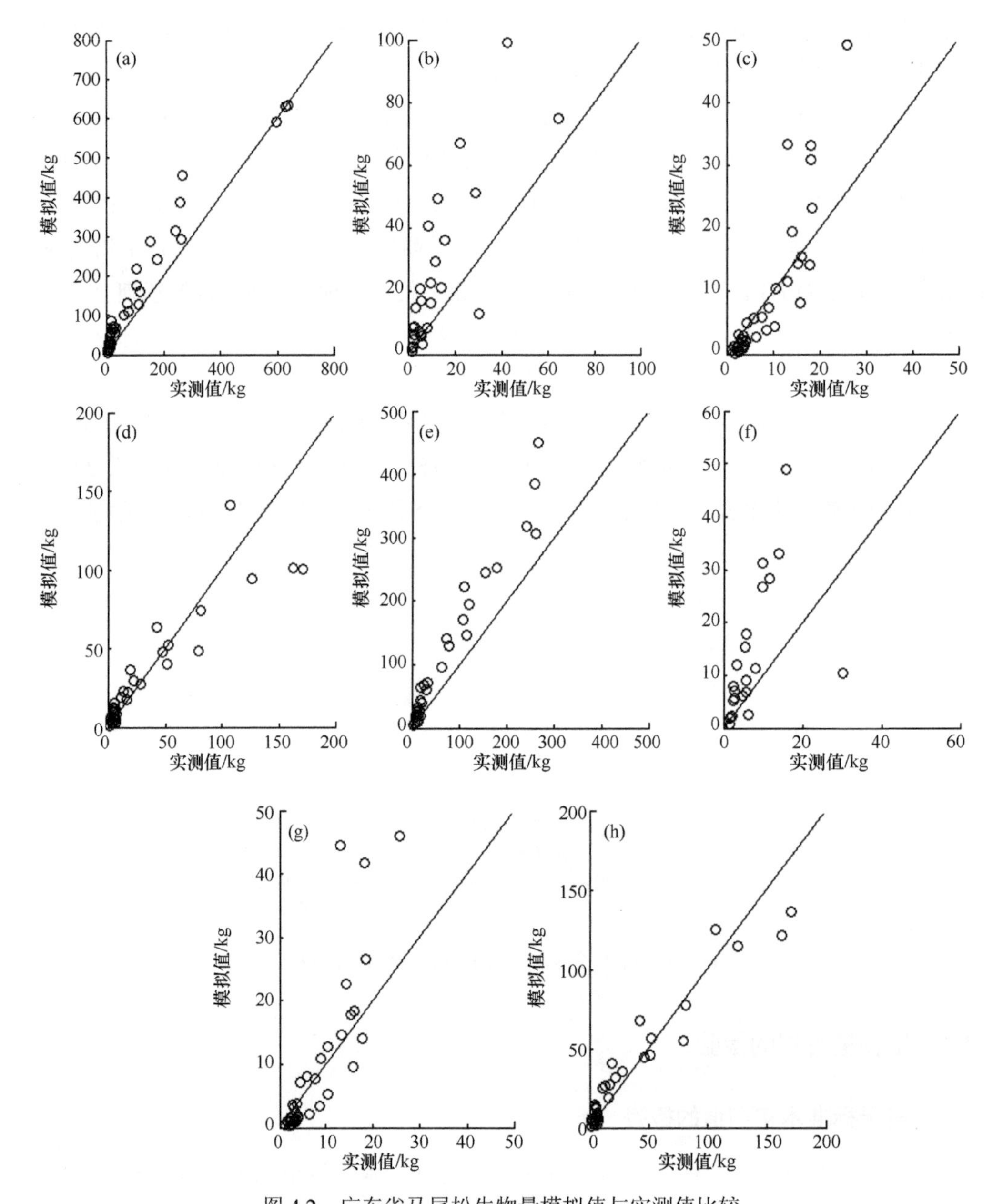

图 4.2　广东省马尾松生物量模拟值与实测值比较

（a）～（d）分别代表一元生物量模型干、枝、叶、根生物量模拟值与实测值比较；（e）～（h）分别代表二元生物量模型干、枝、叶、根生物量模拟值与实测值比较

偏差较大，一种原因可能在于以往选取标准木时，大径级标准木很少，用由小径级的标准木数据拟合的生物量方程估算大径级个体的生物量，可能会导致估算结果偏离正常值。另一种原因可能在于大径级个体样本数有限，无法用有限的数据准确判断模拟值是否准确。这也说明，对于单个个案研究，该套方程可能会导致估算结果偏高或偏低，需要探索更好的方法来修正生物量方程。

2. 基于野外台站实测数据的检验

随机选取湖南省杉木人工林的生物量方程作为验证对象，用 1999～2006 年湖南省杉木人工林观测场的实测数据来检验，将实测胸径 D（cm）代入湖南省杉木人工林一元生物量模型，将实测胸径 D（cm）、树高 H（m）代入湖南省杉木人工林二元生物量模型，分别得到湖南省杉木分器官生物量模拟值（表 4.1）。由于收集到的文献中单株生物量方程非常有限，因此本研究没有专门针对单株生物量的预测模型，本研究以分器官生物量值之和代替单株生物量。

表 4.1　湖南省杉木人工林单株生物量

年份	株数	平均胸径/cm	平均树高/m	实测值/kg	D 方程模拟值/kg	D^2H 方程模拟值/kg
1999	337	18.20	14.40	85.73	79.40	84.51
2001	337	18.19	15.46	90.08	79.29	89.56
2003	316	19.82	18.26	116.41	97.42	118.55
2004	207	22.72	19.09	132.40	135.27	154.34
2005	207	22.37	18.83	145.99	130.31	148.70
2006	207	22.57	18.96	146.93	133.13	151.79
2004	182	23.46	19.57	73.09	146.12	166.19
2005	182	22.95	19.19	154.64	138.59	157.63
2006	182	23.18	19.34	155.92	141.95	161.31

由表 4.1 可以看出，本研究拟合的杉木人工林生物量方程的模拟值与标准木实测生物量差异不显著，将一元生物量方程和二元生物量方程的模拟值分别与实测值进行差异显著性检验，P 值分别为 0.195 和 0.298，均大于 0.05，说明模型模拟值与实测值差异不显著，生物量模型拟合效果良好。

4.1.4　讨论

建立生物量方程的目的是预估森林生物量。森林由各种林分构成，而任何林分都是林木的累加。所以，将立木生物量模型应用于构成林分的每一株林木，通过合计就能得到林分的生物量。不管是对局部地区，还是对国家或区域等大尺度范围的森林生物量估计，其预估值都会存在误差。与其他森林资源清查估计值一样，误差来源大体归为抽样误差、模型误差和测量误差三个方面。生物量方程估算误差受以下因素影响：选择样木的抽样设计、样本大小、估计方法及林木生物量的内在变动，也有可能来源于林木变量（如胸径、树高和重量）测定过程中产生的误差，包括随机误差和系统误差。森林系统的特殊性，决定了地面真实验证的困难，与资源清查数据的对比也只是一个“无真实值”交叉验证。森林生物量估算结果会越来越接近真实值，但永远不能达到绝对的真实值。

4.2 中国森林主要树种碳含量

碳含量转换系数是估算森林碳储量的两个关键参数之一，对碳含量转换系数精确估算能大大提高森林碳储量的估算精度。当前，50%作为碳含量转换系数已经被广泛接受和应用（Gower et al.，2001；Fang et al.，2001），也被 IPCC 所认定（Houghton et al.，1990）。但是，大量研究表明，不同树种及器官之间的碳含量差异很大。Yu-Jen 等（2002）发现台湾阔叶林碳含量远低于 50%；Lamlom 和 Savidge（2003）发现北美树种的碳含量在 46%～55%；Zhang 等（2009）通过对中国温带 10 个树种的研究表明平均碳含量在 47.1%～51.4%；Thomas 和 Malczewski（2007）通过对中国东北 14 个树种的研究发现碳含量在 48.4%～51%；Bert 和 Danjon（2006）认为采用 50%作为碳含量转换系数在碳储量估算中将带来 10%的偏差。

我国对不同森林类型不同器官碳含量的研究起步较晚，但取得了一定的进展。例如，唐旭利等（2003a）在研究鼎湖山南亚热带季风常绿阔叶林碳储量分布时，分林层、分树种、分器官测定了碳含量，结果表明不同树种之间、同一器官不同树种之间、不同林层之间碳含量差异较大，并指出采用同一碳含量（45.0%或 50.0%）进行碳储量估算是造成不同地理、气候区域森林碳储量之间难以进行比较的重要因素。马钦彦等（2002）应用干烧法对华北地区主要森林类型的 8 个乔木建群种和 10 个灌木树种不同器官的有机碳含量进行了测定，同时利用生物量资料对其中的 7 个乔木树种的林分平均碳含量进行了计算，结果表明不同树种、器官碳含量的种内变动系数为 1.49%～6.32%，器官碳含量的种间变动系数为 2.15%～7.48%，针叶树种器官的平均碳含量普遍比阔叶树种高 1.6%～3.4%，相应地针叶林分的平均碳含量也高于阔叶林。此外，Fang 和 Mo（2002）测定了鼎湖山马尾松枝、叶、干、皮、根及林下灌木碳含量。闫平和冯晓川（2006）对红松、色木槭、椴树和山杨的枝、叶、干、根 4 个部分的碳含量进行了研究，还测定了林下草本、灌木、枯立木和枯枝落叶的碳含量。田大伦和方晰（2004）对湖南会同的不同林龄杉木的枝、叶、干、皮、根及球果的碳含量进行了分析。

已有的研究表明，不同林型、同一树种的不同器官、同一林型的不同生长阶段、不同起源的同一树种，其碳含量差异也可能较大。我国地域广阔，纬度跨度大，自然气候条件复杂，森林类型多样并具有明显的地带性分布特征。从南到北分布着热带雨林、亚热带常绿阔叶林、暖温带落叶阔叶林、温带针阔叶混交林及寒温带针叶林等多种群落类型，多达 2800 多个树种（吴征镒，1980）。因此，要精确估算我国森林碳含量转换系数还面临巨大的挑战。

从 2011 年开始，我们在全国布设了 7800 个样地，对我国森林生态系统碳库进行了详细调查。这些调查数据结果中包含了我国主要树种的碳含量测定结果，为本节研究奠定了数据基础。

4.2.1　数据和方法

4.2.1.1　样地布设

本节研究从 7800 个样地中选择了 1472 个较好的样地（图 4.3），并参考方精云和陈安平（2001）的分类方法将样地分为 22 类（见附录二表 1）。

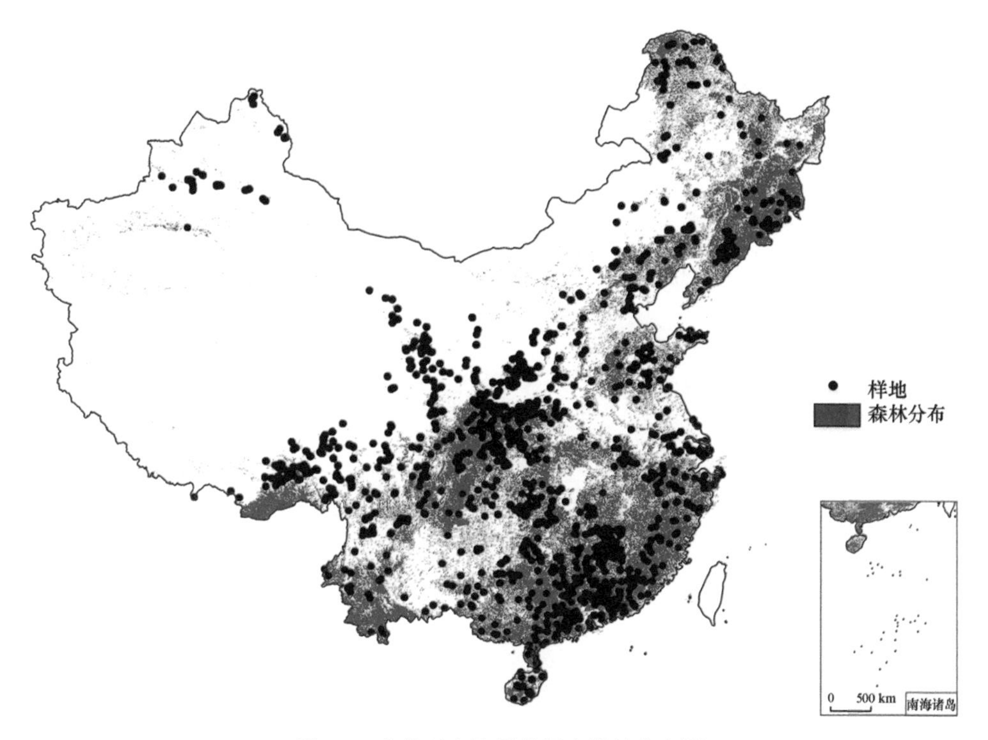

图 4.3　本节研究选择的调查样地分布图

此调查不包括台湾省

4.2.1.2 计算方法

基于样地调查结果估算出样地植物生物量（分器官），然后将植物各器官的碳含量测定结果进行生物量加权，得到样地某树种的平均碳含量。再次基于样地面积加权后得到全国森林或某群落的总平均碳含量。

1. 样地生物量的估算

基于相对生长法，在样地每木调查（胸径和树高）的基础上，将胸径和树高分树种代入分器官（干、枝、叶和根）生物量方程中，然后逐株计算出生物量，再累加求和计算出样地乔木生物量。具体方法请读者参见本书 3.2.1 节。

2. 平均碳含量的计算

（1）生物量加权平均法。在计算我国主要树种平均碳含量时，要考虑同一树种不同器官间的碳含量差异，利用由样地调查数据计算得到的各器官生物量，对测定的各器官碳含量进行生物量加权，最后得到树种平均碳含量。具体计算公式为（马钦彦等，2002）

$$\mathrm{CC_{bwa}} = \frac{1}{w}\sum_{i=1}^{4}(\mathrm{CC}_i \times w_i) \tag{4.1}$$

式中，$\mathrm{CC_{bwa}}$ 为某树种平均碳含量；CC_i 为测定的某树种器官（i=1，2，3，4，对应于干、枝、叶和根）碳含量；w_i 为样地干、枝、叶、根生物量（$\mathrm{t/hm^2}$）；w 为样地总生物量（$\mathrm{t/hm^2}$）。

（2）面积加权平均法。在计算全国森林及某群落总平均碳含量时，要考虑我国树种类型多样及分布面积的差异，为了减少面积差异对总平均碳含量的影响，对全国主要树种平均碳含量按样地面积权重进一步加权，得到全国森林及某群落总平均碳含量。具体计算公式为

$$\mathrm{CC_{awa}} = \frac{1}{\mathrm{area}}\sum_{i=1}^{n}(\mathrm{CC}_{\mathrm{bwa}\_i} \times \mathrm{area}_i) \tag{4.2}$$

式中，$\mathrm{CC_{awa}}$ 为全国森林或某群落总平均碳含量；$\mathrm{CC}_{\mathrm{bwa}\_i}$ 为 i 树种的平均碳含量（i=1，2，3，…，n）；area_i 为 i 树种所在样地总面积（$\mathrm{hm^2}$）；area 为全国森林或某群落所有树种的样地总面积（$\mathrm{hm^2}$）。

4.2.2 结果

参考方精云和陈安平（2001）的分类方法，将全国主要树种分为 22 个种（组），各个种（组）各器官的碳含量计算结果见附录二。可以看出，我国森林乔木层总平均碳含量为 46.3%±3.66%。

1. 不同器官的碳含量

从不同器官总平均碳含量（见附录二表 1）来看，叶的碳含量最高（47.37%±5.22%），以下依次为枝（46.75%±4.87%）、干（46.49%±4.31%）和根（44.85%±4.90%）。不同器官碳含量的总变异系数为 2.32%。方差分析表明，不同器官碳含量有显著差异（P<0.05）。

在不同树种之间，器官碳含量差异最大的是杉木（43.17%±5.34%～47.95%±4.86%），种内变异系数为 4.75%，其次是铁杉、柳杉和油杉（46.78%±1.13%～52.09%±2.06%），种内变异系数为 4.43%，最小的是落叶松（47.02%±4.18%～47.77%±5.96%），种内变异系数为 0.75%。各器官之间的碳含量极差（最大值与最小值之差）均不超过 4.8%。

从起源来看，人工林和自然林各器官碳含量与总平均碳含量基本一致，从高到低依次为叶、枝、干和根。种内变异系数差异不大，分别为 2.10%和 2.65%。

从叶型来看，各器官碳含量种内变异系数最大的是针叶林（2.80%），其次是针阔叶混交林（2.63%），最小的是阔叶林（1.99%）。阔叶林叶、枝、干的碳含量差异最小，分别为 45.61%±5.13%、45.39%±4.28%、45.36%±4.15%。

2. 不同树种同一器官的碳含量

在所有的树种之中，叶碳含量最高的是铁杉、柳杉和油杉（52.09%±2.06%），最低的是水曲柳、胡桃楸、黄檗（40.87%±9.51%）；枝碳含量最高的是华山松（51.47%±2.86%），最低的是水曲柳、胡桃楸、黄檗（40.31%±5.67%）；干碳含量最高的是华山松（49.35%±3.46%），最低的是水曲柳、胡桃楸、黄檗（41.59%±4.39%）；根碳含量最高的是红松（48.64%±7.44%），最低的是水曲柳、胡桃楸、黄檗（39.85%±5.86%）。方差分析表明，同一器官碳含量在不同树种之间差异显著（P<0.05）。

在不同树种间碳含量差异最大的器官是叶（40.87%±9.51%～52.09%±2.06%），种间变异系数为 6.21%；其次是枝（40.31%±5.67%～51.47%±2.86%），种间变异系数为 5.25%；差异最小的是干（41.59%±4.39%～49.35%±3.46%），种间变异系数为 4.00%。极差均不超过 11.2%。

从起源来看，人工林各器官碳含量均大于自然林。其中，差异最大的是干碳含量，相差为 0.95%，根的碳含量差异最小，仅为 0.04%。

从叶型来看，各器官碳含量最大的是针叶林，其次是（针阔叶）混交林，最小的是阔叶林。3 种林型之间各器官碳含量差异显著（P<0.05）。

3. 不同树种平均碳含量

从图 4.4 和附录二表 1 可以看出，不同树种之间平均碳含量（生物量加权值）差异显著（P<0.05），最大的是铁杉、柳杉和油杉（50.53%±0.27%），其次是华山松（48.94%±

3.10%），最小的是水曲柳、胡桃楸、黄檗（42.29%±3.49%），极差均不超过 8.3%。在所有的树种之中，针叶树种（铁杉、柳杉和油杉，华山松，樟子松、赤松，红松，冷杉、云杉，柏木，马尾松、云南松，杉木等）碳含量均在 46.63%±3.29%～50.53%±0.27%，远大于阔叶树种（照叶树、桉树、桦木、木麻黄、栎类等）（42.29%±3.49%～46.77%±1.92%）。

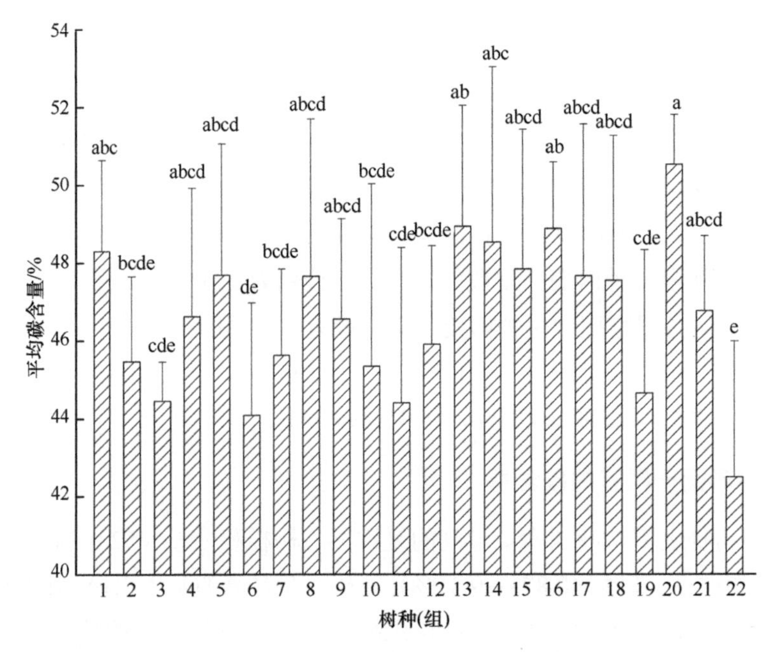

图 4.4　我国不同树种（组）平均碳含量

1. 冷杉、云杉（*Abies*，*Picea*）；2. 桦木（*Betula*）；3. 木麻黄（*Casuarina*）；4. 杉木（*Cunninghamia lanceolata*）；5. 柏木（*Cypress*）；6. 栎类（deciduous oaks）；7. 桉树（*Eucalyptus*）；8. 落叶松（*Larix*）；9. 照叶树；10. 针阔叶混交林；11. 阔叶林；12. 杂木；13. 华山松（*Pinus armandii*）；14. 红松（*P. koraiensis*）；15. 马尾松、云南松（*P. massoniana*，*P. yunnanensis*）；16. 樟子松、赤松（*P. sylvestris* var. *mongolica*）；17. 油松（*P. tabulaeformis*）；18. 其他松类针叶林；19. 杨树（*Populus*）；20. 铁杉、柳杉、油杉（*Tsuga*，*Cryptomeria*，*Keteleeria*）；21. 热带林；22. 水曲柳、胡桃楸、黄檗（*Fraxinus mandschurica*，*Juglans mandshurica*，*Phellodendron*）

从起源来看，天然林平均碳含量为 46.56%±3.89%，大于人工林平均碳含量 46.09%±3.44%，二者相差 0.47 个百分点。

从叶型来看，平均碳含量最大的是针叶林（47.72%±3.35%），其次是针阔叶混交林（45.34%±4.69%），最小的是阔叶林（44.69%±3.2%）。针叶林与阔叶林相差 3.03 个百分点。

4. 不同森林群系平均碳含量

从图 4.5 和附录二表 2 可以看出，平均碳含量最大的是温带针阔叶混交林（48.61%±3.95%），其次是寒温带针叶林（48.06%±2.76%）、暖温带针叶林（47.33%±3.68%）、亚热带针阔叶混交林（46.68%±3.51%）、常绿阔叶林（46.02%±2.22%），最小的是落叶阔叶林（44.17%±3.28%）。

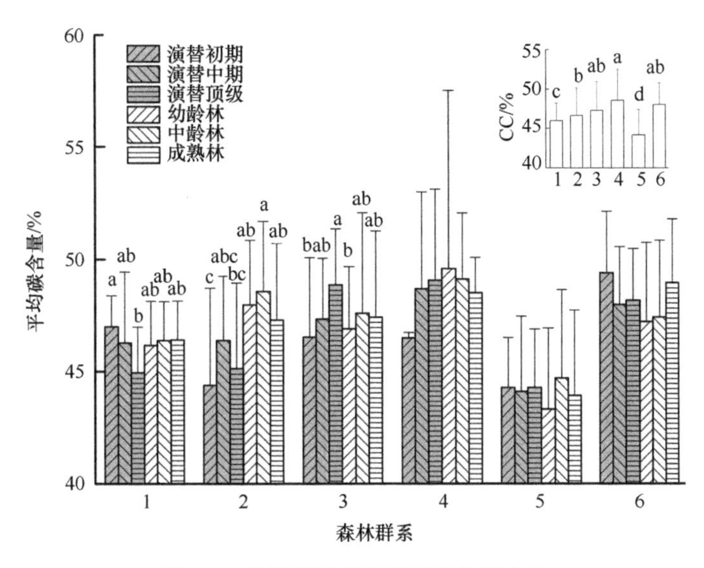

图 4.5　我国不同森林群系平均碳含量

1. 常绿阔叶林；2. 亚热带针阔叶混交林；3. 暖温带针叶林；4. 温带针阔叶混交林；5. 落叶阔叶林；6. 寒温带针叶林

不同起源和不同阶段，常绿阔叶林、亚热带针阔叶混交林和暖温带针叶林 3 种森林群系平均碳含量表现出显著性差异（$P<0.05$），而温带针阔叶混交林、落叶阔叶林和寒温带针叶林则没有表现出显著性差异，全国森林平均碳含量也在不同起源和不同阶段表现出显著性差异（$P<0.05$）。以上结果表明，在估算我国南部森林及全国森林碳储量时需要考虑起源和生长阶段的差异。

4.2.3　讨论

我国森林主要树种总平均碳含量为 46.30%±3.66%，范围为 42.49%±3.49%～50.53%±0.27%，小于普遍采用的 50%碳含量转换系数，低于全球树种平均碳含量 48.3%±0.3%（Thomas and Martin，2012），也小于北美树种（46%～55%）（Lamlom and Savidge，2003）。

与众多研究结果一致，我国森林主要树种碳含量在不同器官及同一器官不同树种之间均存在显著性差异（马钦彦等，2002；唐旭利等，2003a；Fang and Mo，2002；闫平和冯晓川，2006；田大伦和方晰，2004；Lamlom and Savidge，2003；Thomas and Martin，2012；Thomas and Malczewski，2007；Zhang et al.，2009）。结果表明，对针叶树种碳库储量估算时必须考虑各器官碳含量的差异。

我国针叶树种平均碳含量比阔叶树种要大 3.03%，这与 Thomas 和 Martin（2012）基于 31 个碳含量相关研究文献的整合分析结果相一致，其结果表明针叶树种的平均碳含量为 50.8%±0.7%，比阔叶树种（47.7%±0.3%）约大 3 个百分点；也与马钦彦等（2002）

在华北地区的研究结果相一致（针叶树种平均碳含量普遍比阔叶树种高 1.6%～3.4%）。这种差异可能与针叶树种及阔叶树种木质素不同的化学形成过程有关（Campbell and Sederoff，1996）。另外，我国人工林树种平均碳含量普遍大于自然林树种。

我国南部包含热带、亚热带树种平均碳含量普遍低于北部温带、暖温带及寒温带树种，大致呈现出一个从南到北递增的趋势。我国温带、暖温带及寒温带森林群系平均碳含量在 47.33%～48.61%，接近于 Zhang 等（2009）对我国温带 10 个树种研究的结果（47.1%～51.4%）；我国寒温带针叶林的平均碳含量为 48.06%±2.76%，略低于 Thomas 和 Malczewski（2007）在我国东北的研究结果（48.4%～51%）。本研究结果与文献结果的差异可能来源于树种的选择及样本数量的不同，还可能有由测定方法及计算方法不同带来的差异。整体上，我国森林的碳含量普遍低于全球平均水平。热带及亚热带常绿阔叶林（46.02%±2.22%）低于全球平均碳含量（47.1%±0.4%）；温带及寒温带森林（47.33%～48.61%）也低于全球水平（50.8%±0.6%）（Thomas and Martin，2012）。这些都表明我国森林具有很大的碳汇潜力。

为了比较采用不同碳含量作为碳含量转换系数带来的差异，利用全国第七次森林资源清查资料，基于生物量转换因子连续函数法对我国 2004～2008 年森林生物量进行了估算，在由生物量估算碳储量时，分别采用固定常数法（普遍采用 50%和本研究结果 46.3%）和分类常数法（按树种、起源、叶型、森林群系类型、起源+演替阶段、群系+起源+演替阶段分别采用相应的碳含量作为碳含量转换系数）。从附录二表 3 中可以看出，采用 50%作为碳含量转换系数估算我国森林碳储量时，将会比采用 46.3%带来 8%的高估误差。在分类常数法中，按叶型、起源、群系+起源+演替阶段分别采用相应的碳含量估算的我国森林碳储量较为接近采用固定常数法（CC=46.3%）的结果，说明在估算大尺度的森林碳库储量时两种方法没有较大差异。

将 50%作为碳含量转换系数普遍应用在大尺度碳库储量和碳通量的估算中（Chave et al.，2008；Lewis et al.，2009；Pyle et al.，2008；Saatchi et al.，2011；Fang et al.，2001；Kurz et al.，2009；Kauppi et al.，1995；Fang et al.，2005），也有的在小尺度上应用于林业管理过程中碳储量的估算（Blanc et al.，2009；Soto-Pinto et al.，2010），以及森林定位站研究（Fahey et al.，2005）。但是有研究表明，采用 50%作为碳含量转换系数计算森林碳储量将带来 5%～10%的误差（Bert and Danjon，2006；Melson et al.，2011；Saner et al.，2012），这与本研究结果相一致（高估 8%）。

4.2.4 结论

通过对我国森林主要树种及群系的碳含量分析，提供了一个全国尺度的森林碳含量数据库，从而填补我国森林碳库储量估算过程中碳含量转换系数难以精确确定的空白。

当然现有的样本数量相对来说还是不够的，还需要在未来的研究中不断增加，以提高我国森林碳含量估算的精度，满足估算我国森林碳库储量的需要。

在实际应用中，为了精确估算我国森林碳库储量，应该根据不同的研究尺度采用不同的碳含量转换系数引入方法。例如，在全国尺度的森林碳库储量估算中，可以采用固定常数法（46.3%）或者分类常数法（起源+演替阶段或者群系+起源+演替阶段，在基于国家森林资源清查资料估算森林碳库储量时应用最好）；在小尺度、小区域的碳库储量估算中，可以采用分类常数法（树种、叶型或者群系）；在估算生态系统尺度的碳库储量时，就要分树种及器官引入相应的碳含量作为碳含量转换系数。

4.3　中国森林土壤砾石含量

土壤中的砾石根据尺寸和外形在不同的分类系统中有不同的定义，通常认为直径>2 mm 的矿物质颗粒为砾石（Poesen and Lavee，1994）。砾石在土壤不同层次的分布，影响了土壤的容重和有机质含量，对土壤中碳、氮、磷及其他微量元素储量的估算也有重要的影响（Shipp and Matelski，1965；Torri et al.，1994；Corti et al.，2002；Harrison and Adams，2003；Wang et al.，2011）。

目前，对土壤砾石分布格局的研究还较少（Zhu and Shao，2008；李燕等，2008；Chen et al.，2011），并且这些研究局限在较小空间范围内。土壤中砾石的分布可能受到气候、地形、植被、人类干扰等因素的影响，其分布格局存在很大的空间异质性（Miller and Guthrie，1984；Childs and Flint，1990；Poesen and Lavee，1994；付素华等，2001）。因此，对土壤砾石含量空间分布格局进行研究具有非常重要的意义。

本节研究以 ISRIC-WISE 1∶500 万土壤图（Batjes，2012）为基础，提取了中国区域 0～20 cm、20～40 cm、40～60 cm、60～80 cm 及 80～100 cm（土壤分层）砾石含量栅格图，再基于我们在全国设立的样地位置提取相应森林土壤分层砾石含量数据，由此得到各省（自治区、直辖市）各森林类型的土壤砾石含量。

4.3.1　数据和方法

1. 本底数据的提取

从 ISRIC-WISE 1∶500 万土壤图中提取中国区域（图 4.6），再由野外调查样地的经纬度提取样地所在位置的土壤砾石含量数据，构成我国森林土壤砾石含量的本底数据。

2. 土壤分层匹配

我们在对野外样地调查过程中，取样时对土壤的分层设定为 0～10 cm、10～20 cm、

20～30 cm、30～50 cm 及 50～100 cm，这和 ISRIC-WISE 1∶500 万土壤图的分层（0～20 cm、20～40 cm、40～60 cm、60～80 cm 及 80～100 cm）不一致，因此需要进行分层匹配工作。

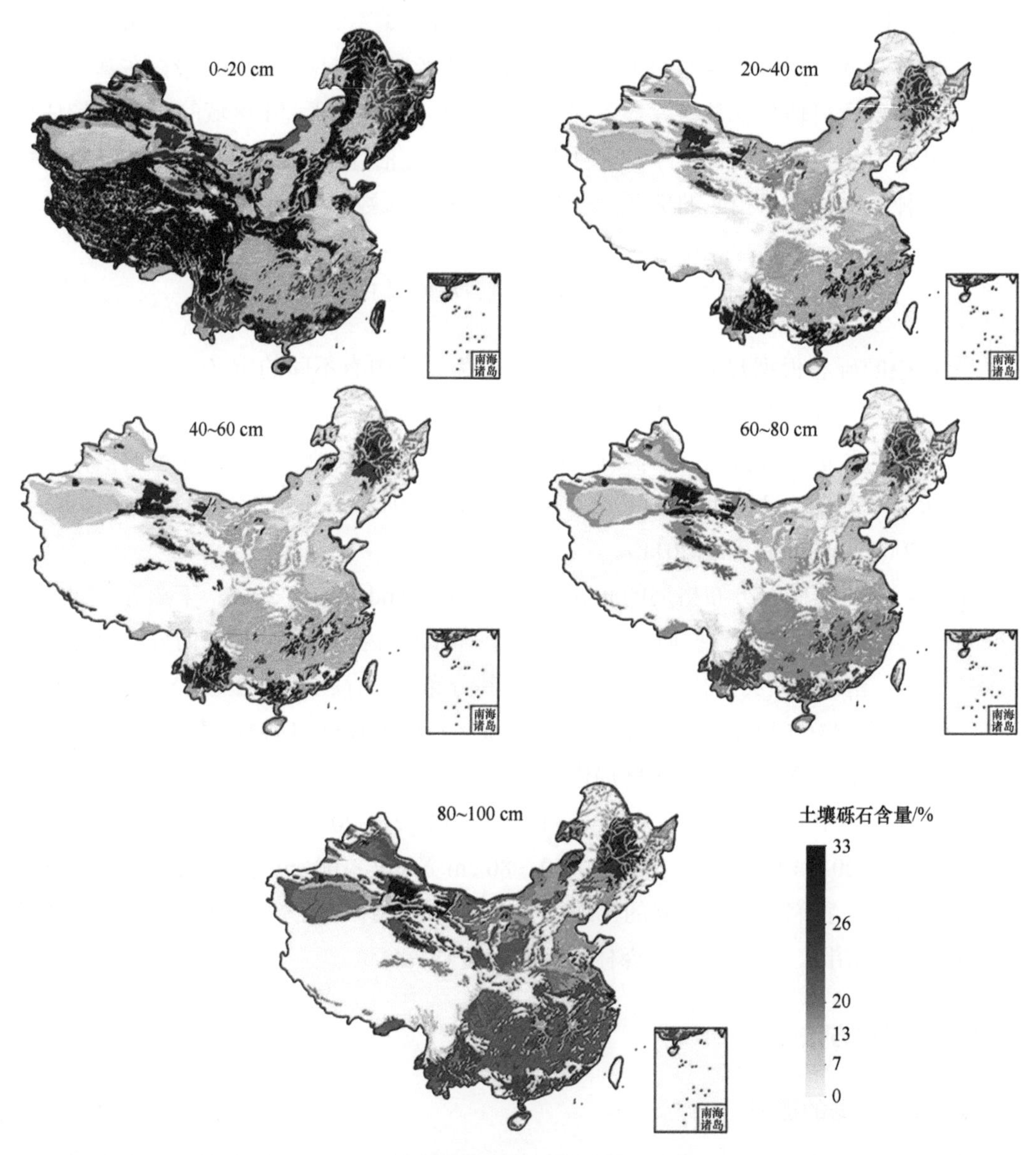

图 4.6 由 ISRIC-WISE 1∶500 万土壤图提取的中国土壤分层砾石含量（0 值为没有土壤）

我们采用了加权平均法进行分层匹配。首先，假设土层厚度都是 0～100 cm，被分割成等分的 5 层：0～20 cm、20～40 cm、40～60 cm、60～80 cm 及 80～100 cm，假设每个分割的片段（宽度为 20 cm）都是均匀分布的。概念图如图 4.7 所示。

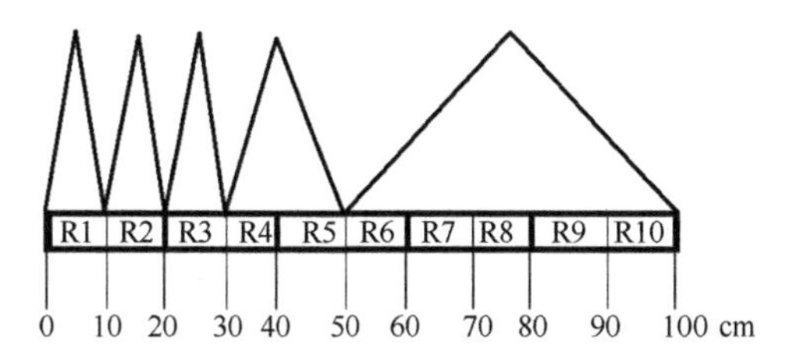

图 4.7　森林土壤砾石含量分层匹配-加权平均法概念图

这样可以通过加权平均法计算任意一层的砾石含量：①0～10 cm 的砾石含量（R1 片段）与土壤图 0～20 cm 的相同（R1+R2 片段）；②10～20 cm 的砾石含量（R2 片段）与土壤图 0～20 cm 的相同（R1+R2 片段）；③20～30 cm 的砾石含量（R3 片段）与土壤图 20～40 cm 的相同（R3+R4 片段）；④30～50 cm 的砾石含量（R4+R5 片段）是 R4+R5 片段含量的平均值，也就是土壤图 20～40 cm 和 40～60 cm 砾石含量的平均值；⑤50～100 cm 的砾石含量（R6+R7+R8+R9+R10 片段）=1/5×（40～60 cm 含量）+2/5×（60～80 cm 含量）+2/5×（80～100 cm 含量）。

如果有的样点或栅格图层没有 100 cm 的厚度，我们可以根据实际情况和这个概念模型进行合理的换算。

4.3.2　结果

我国森林 0～10 cm、10～20 cm、20～30 cm、30～50 cm 及 50～100 cm（土壤分层）砾石含量分别为 17.0%、15.6%、14.1%、14.6%和 19.7%。分省（自治区、直辖市）分类型的森林土壤砾石含量见附录三表 1。

4.3.3　讨论与结论

影响大尺度的土壤砾石含量的因素较为复杂，因此我国的土壤砾石含量存在较大的空间变异性。例如，青藏高原和新疆天山山脉由于气候寒冷、冻融侵蚀与风水侵蚀共同作用，该区的土壤表面砾石含量较高（董瑞琨等，2000；李森等，2005；谢胜波等，2012）。北方荒漠地区由于存在干湿交替或土壤盐分重结晶的过程，该地区的表层砾石含量相对较高。深层砾石含量高的区域主要位于四川盆地、云南、广西、广东、江西等地，这些区域深层砾石含量基本上与土壤表层砾石含量成正比，而西藏、新疆、内蒙古等西北地区较少，与土壤表层成反比，和这些地区土壤浅薄有关。

本节研究旨在弄清我国森林土壤砾石含量及其空间分布上的差异，为进一步估算我国森林土壤固碳现状、速率及潜力提供关键参数，因此对造成这种差异的驱动机制没有过多研究，有兴趣的读者可以参考其他相关文献。

4.4 中国森林土壤厚度

厚度是土壤的一个重要物理性质，是在漫长的土壤发育历史中，从最初的风化一点一滴积累起来的土壤层次，一般指从地表到地下出现或多或少的岩石层的厚度（Kuriakose et al.，2009），可以简单理解为土壤母质层以上到土壤表面的垂直厚度。在全球变化和陆地碳循环研究中都需要用土壤厚度来估算土壤碳密度和土壤含水量（王绍强等，2001）。

一般情况下，土壤厚度往往是通过实地采挖剖面来确定的，但由于陆地面积广阔，单靠采挖剖面来确定土壤厚度远不能满足实际应用的需求（易湘生等，2012）。近代以来，土壤厚度的研究随着土壤学的发展有了很大的进展，在研究方法和理论方面都有所突破。例如，利用电磁感应、探地雷达等采样技术来测定土壤厚度的地球物理学方法（Bork et al.，1998；刘恒柏，2009）；利用环境要素来预测土壤厚度的模型模拟方法等（Dietrich et al.，1995；王绍强等，2001；易湘生等，2012）。

上述方法均存在一定的优势和不足。剖面采样方法是传统的研究方法，准确度高，在采样点能够代表一定区域内的土壤特性时可以得到很好的结果，缺点是对于大尺度、大区域的调查需要耗费大量人力和物力，且时间周期长；地球物理学方法采样快、效率高，缺点是对仪器设备及环境条件的要求较高；模型模拟方法是近年来发展最快的一种方法，优点是集合了数学、“3S”技术、计算机及统计学等多门学科的优势，但同时决定了其先天上无法回避的弱点：计算的复杂性，以及输入参数过多而带来的不确定性。

我国的土壤普查工作分别于1958～1960年、1979～1984年开展了两次，这也是目前我国仅有的国家尺度上的土壤调查数据。利用国家土壤普查数据既能使研究人员对我国土壤现状准确掌握，也能为大尺度的模型模拟提供输入参数和检验样本，所以国家尺度上的土壤调查资料是弥足珍贵的。

王绍强等（2001）基于第二次全国土壤普查数据筛选出1627个典型剖面的资料，并利用统计学和地理信息系统技术，对我国土壤厚度的空间变异特征进行了研究。汪业勖（1999）在收集了中国森林资源清查中约14万个有效土壤厚度调查记录的基础上，进一步将中国森林覆盖区域分为4604个网格，逐网格计算出中国森林土壤厚度变动在30～50 cm，平均厚度为39.61±21.16 cm。

我们在全国布设了7800个森林代表性调查样地，其中实测土壤剖面5392个（表4.2），能够充分代表我国森林土壤的实际情况。因此，直接采用了实测的典型土壤剖面厚度来计算森林土壤厚度，而没有采取如模型模拟等其他方法。同时需要说明的是，本节研究是为了给下一步估算我国森林土壤碳库现状提供关键参数，所以着重阐述基于土壤厚度对土壤碳储量进行面积加权，对我国森林土壤厚度及其空间分布特征仅做简要阐述，对此有兴趣的读者可以自行深入研究。

表 4.2　固定距离采样和土壤剖面调查获得的土壤厚度比较

省（自治区、直辖市）	固定距离采样样地数（n）	固定距离采样获得的平均土壤厚度/cm	土壤剖面调查样地数（n）	土壤剖面调查获得的平均土壤厚度/cm
安徽	94	57.87	145	74.87
北京	36	58.06	36	60.15
福建	90	99.89	245	83.28
甘肃	200	92.10	217	88.15
广东	137	95.84	178	94.28
广西	345	89.51	344	80.18
贵州	81	95.56	81	59.52
海南	300	99.77	283	77.01
河北	108	63.98	124	68.07
河南	144	50.42	81	57.36
黑龙江	377	63.47	377	59.94
湖北	131	92.82	194	41.39
湖南	111	96.22	251	70.76
吉林	167	57.13	198	52.77
江苏	59	43.56	59	77.58
江西	329	94.44	334	98.32
辽宁	53	82.08	51	59.02
内蒙古	101	94.46	165	55.74
宁夏	71	78.45	72	76.51
青海	240	89.96	240	88.79
山东	37	74.05	36	24.98
山西	80	78.50	60	16.17
陕西	358	83.16	347	91.19
上海	95	85.79		
四川	146	74.66	308	78.40
天津	20	71.00	21	64.14
西藏	121	65.12	401	50.67
新疆	108	80.65	108	100.0
云南	186	98.28	130	99.28
浙江	70	72.86	201	32.14
重庆	104	80.38	105	80.87
平均		82.10		72.32
总计	4499		5392	

注：上海没有进行土壤剖面调查

4.4.1 我国森林土壤厚度及格局

依据在全国范围内设立的具有一定代表性的样点，共获得有效土壤剖面 5392 个，具体分布在各省（自治区、直辖市）范围的数量请见表 4.2。其中，上海市没有获得有效剖面。

由表 4.2 可以看出，我国森林土壤平均厚度为 72.32 cm。王绍强等（2001）依据第二次国家土壤普查计算出我国土壤剖面的平均厚度为 87 cm，出现差异的原因之一是本研究的剖面采样仅到 100 cm，原因之二是森林土壤多分布在山地，受土壤成土母质及气候条件的影响，土壤厚度比平原、丘陵地区要薄很多。由全国森林土壤平均厚度累积频率分布图（图 4.8）也可以看出，能够达到 10 cm 的约 98%，达到 40 cm 的约 80%，达到 80 cm 的约 50%，达到 100 cm 的约 40%。

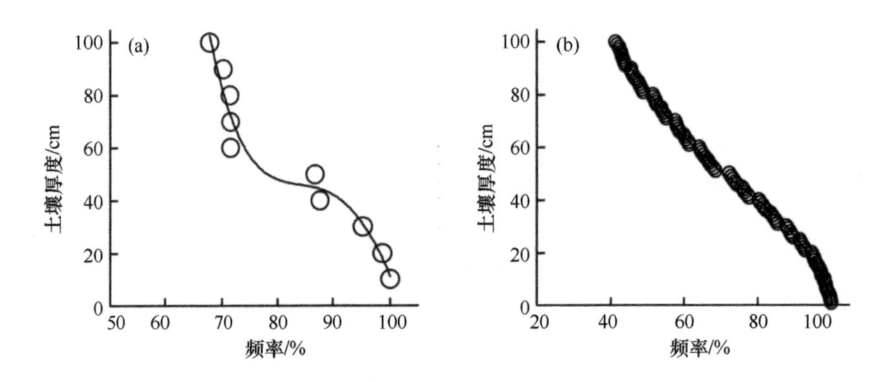

图 4.8 全国森林土壤平均厚度累积频率分布

（a）固定距离采样获得的全国平均土壤厚度分布；（b）土壤剖面调查获得的全国平均土壤厚度分布

表 4.2 表明，平均土壤厚度最大的省（自治区）是新疆、云南、江西、广东，均在 90 cm 以上；厚度最小的是山西、山东、浙江和湖北，都在 40 cm 以下。

4.4.2 土壤碳储量估算中基于土壤厚度的面积加权

我们在森林土壤碳储量的估算中采取了分尺度计算方法。

（1）尺度的划分：全国、分省（自治区、直辖市）、分省（自治区、直辖市）分植被型 3 个尺度。

（2）各土层平均碳密度的计算：在相应的尺度下，计算所有剖面在各个土壤厚度的平均碳密度，公式如下：

$$\mathrm{SOCD}_i = \frac{1}{10}\mathrm{SOCC}_i \times \mathrm{BD}_i \times \mathrm{depth}_i \tag{4.3}$$

式中，$SOCD_i$ 是 i 层的土壤有机碳密度（$Mg\ C/hm^2$）；$SOCC_i$ 是 i 层（i=1，2，3，4，5，分别代表 0～10 cm、10～20 cm、20～30 cm、30～50 cm、50～100 cm）土壤有机碳含量（g/kg）；BD_i 是 i 层土壤容重（g/cm^3）；$depth_i$ 是 i 层土壤的厚度（cm）。

（3）基于各土层厚度的面积权重计算。在相应的尺度上，计算所有剖面深度分别能达到 5 个分层（0～10 cm、10～20 cm、20～30 cm、30～50 cm 及 50～100 cm）的剖面数目与 0～10 cm 层的剖面数目的比值，以此作为该土层的面积权重。公式如下：

$$\mathrm{depth\_}w_i = \frac{N_i}{N_1} \tag{4.4}$$

式中，$\mathrm{depth\_}w_i$ 为 i 层的面积权重；N_i 为能达到 i 层的剖面数目；N_1 为 0～10 cm 层的剖面数目。

（4）森林土壤碳储量计算。在相应的尺度上，土壤碳储量的计算公式为：

$$\mathrm{SOC} = \sum_{i=1}^{5} \mathrm{SOCD}_i \times \mathrm{area} \times \mathrm{depth\_}w_i \tag{4.5}$$

式中，SOC 为土壤碳储量（Mg C）；area 为森林面积（hm^2）。

4.5　中国森林覆盖面积

当前对我国森林面积进行统计的方式主要有 3 种：一是国家森林资源清查；二是中国 1∶100 万植被图；三是土地利用/覆盖数据集。这 3 种数据基于各自不同的应用目标、数据源及技术体系等分别在不同的研究领域得到广泛应用。下面分别对这 3 种数据简要介绍，并在最后对所选定的用于确定我国森林固碳研究中森林面积及分布状况的数据源进行阐述。

4.5.1　国家森林资源清查

我国的森林资源清查工作自 1973 年以来，每 5 年一次，目前已经完成连续 8 次全国范围的、系统的森林资源清查（1973～1976 年、1977～1981 年、1984～1988 年、1989～1993 年、1994～1998 年、1999～2003 年、2004～2008 年、2009～2013 年），并于 2014 年开始了第九次清查工作。国家森林资源清查是我国目前应用最广泛的一个数据来源，具有涉及范围广、涵盖森林类型全、时间连续性强等优点。调查资料包括各类林分的龄级、面积、蓄积量及在各省（自治区、直辖市）的分布情况（刘国华等，2000）。

森林资源清查的目的在于为编制林业区划、规划、计划和森林经营方案，建立森林资源档案及确定森林利用方案和森林采伐限额提供基础资料和依据。森林资源清查工作已成为各级林业主管部门实现森林经营管理现代化的重要措施。

国家森林资源连续清查（即一类调查）是以掌握宏观森林资源现状与动态变化为目的，以省（自治区、直辖市）为单位，利用固定样地进行定期复查的森林资源调查方法，是全国森林资源与生态状况综合监测体系的重要组成部分。森林资源连续清查成果是反映全国和各省（自治区、直辖市）森林资源与生态状况，制定和调整林业方针政策、规划、计划，监督检查各地森林资源消长任期目标责任制的重要依据。与一类调查区别的是规划设计调查（即二类调查），是由省级人民政府和林业主管部门负责组织，以县、国有林业局、国有林场或其他部门所属林场为单位进行，以满足编制森林经营方案、总体设计和县级区划、规划和基地造林规划等项需要。

国家森林资源连续清查的主要对象如下。

（1）土地利用与覆盖：包括土地类型（地类）、植被类型的面积和分布。

（2）森林资源：包括森林、林木和林地的数量、质量、结构和分布，森林按起源、权属、龄组、林种、树种的面积和蓄积量、生长量和消耗量及其动态变化。

（3）生态状况：包括森林健康状况与生态功能，森林生态系统多样性，土地沙化、荒漠化和湿地类型的面积和分布及其动态变化。

4.5.2 中国 1∶100 万植被图

中国 1∶100 万植被图研制任务，是 20 世纪 80 年代国家农业委员会、国家科学技术委员会和中国科学院提出的国家重点研究课题之一。该研究课题自 1983 年开始，经过以侯学煜和张新时院士先后为主编的 3 届编委会、全国 70 个单位、260 多位研究人员耗时近 30 年的努力于 2008 年完成。

中国植被图图件包括 6 个组成部分，分别是：①1∶100 万中国植被图 60 幅，表示全国 868 个基本植被分类单位的分布，绘制图斑 75 785 个，它详细显示了我国植被的分布状况和地理格局，包括水平分布和垂直分布状况及其与气候因子和地面环境因子的关系；②1∶600 万中国植被区划图 1 幅，表示我国八大植被区域的 460 个基本植被区划单位的分布，它表现出我国植被的区域性分布和地带性分异，详细显示了我国植被的局地分异和组合情况；③中国植被及其地理格局——中国植被图（1∶100 万）说明书（上、下卷），共 1270 页、230 万字，并附彩版 168 页，含 867 幅植被照片，它叙述了我国植被研究的基本理论，各级植被分类单位和区划单位的基本内容和特点；④中国植被类型图、植被区划图及说明书的电子版（DVD）光盘 1 个；⑤1∶100 万中国植被图电子数据库一份；⑥植被信息管理系统（VIS）一套（国家标本平台，http://www.nsii.org.cn/chinavegetaion）。

4.5.3　土地利用/覆盖数据集

中国土地利用/覆盖数据集目前有 5 种产品。

（1）GLC2000 土地覆盖数据集。由欧盟联合研究中心（Joint Research Centre，JRC）为了更新已有的全球土地覆盖数据，基于 SPOT4 遥感数据开发的全球土地覆盖数据。它的数据说明请参考寒区旱区科学数据中心（http://westdc.westgis.ac.cn）。

（2）IGBP DISCover 数据集。由美国地质调查局（U.S. Geological Survey，USGS）为国际地圈-生物圈计划（International Geosphere-Biosphere Program，IGBP）建立的全球 1 km 分辨率土地覆盖数据集。

（3）MODIS 土地覆盖数据集。数据说明请参考 https://lpdaac.usgs.gov/dataset_ discovery/modis/modis_products_table/mcd12ql。

（4）马里兰大学土地覆盖数据集。由马里兰大学基于 AVHRR 数据，采用分类树的方法进行的全球土地覆盖分类工作。其目的是建立一个比过去数据具更高精度的数据。该分类系统很大程度上采用了 IGBP 的分类方案。

（5）中国科学院 1∶100 万土地利用数据集。中国西部环境与生态科学数据中心依据中国科学院的中国 2000 年 1∶10 万土地覆盖数据，在县分幅的土地资源调查成果的基础上进行了合并、矢栅转换（面积最大法），最后得到全国幅 1 km 的土地利用数据产品。采用中国科学院资源环境分类系统。

上述几种土地利用/覆盖数据产品的特点不一、开发目的不同，所采用的分类系统也存在很大区别，所以很难说哪一个方法最好。例如，对森林的划分，IGBP 分类系统和马里兰大学土地覆盖数据都是郁闭度超过 60%，中国科学院资源环境分类系统则是设定郁闭度超过 30%，而我国在 2000 年 1 月颁布的《森林法实施条例》中森林郁闭度标准由郁闭度 30%以上（不含 30%）改为 20%以上（含 20%）。Ran 等（2010）对上述几种土地利用/覆盖数据进行了对比研究，在对几种数据分类体系进行主题类合并后发现在各土地覆盖类型面积上具有一定相似性，但这些数据都只能反映我国在某个阶段的土地利用/覆盖信息，而不能反映出在时间尺度上的变化趋势，尤其是难以满足我国生态现状评估研究的需求。

进入 21 世纪以来，随着六大林业重点工程建设的相继启动和实施，林业生态和产业体系逐步建立和完善，人工造林和森林恢复性生长过程加速，我国森林面积发生了很大变化。为了弄清我国森林生态系统固碳现状，1∶100 万植被图和现有的土地利用/覆盖数据集明显是不适合的。而国家森林资源清查并不是为了生态学研究而设立，还不能完全满足我国陆地生态系统评价及碳收支评估的现实需要。为了能够定量评估土地覆盖变化对生态环境及碳收支的影响，需要一套能够满足生态评估需求的土地覆盖分类系统及数据产品。

由此，吴炳方等（2014）利用 Landsat/ETM+数据、HJ-1 卫星数据，依据在 LCCS 分类工具支持下重新定义的适合中国土地覆盖类型特点与相关应用需求的分类系统，结合大量外业调查数据生产了 30 m 分辨率的中国土地覆盖数据集（ChinaCover，已产出 1990 年、2000 年、2010 年 3 期产品）。ChinaCover 采用了一系列领先、独具特色的技术手段，如面向对象的自动分类方法、考虑遥感与生态评估需求的土地覆盖分类系统、多源遥感数据联合的地表参数反演、海量地面信息的引入等，旨在为研究国家宏观生态系统格局、质量及服务功能现状及动态变化提供最为科学、客观的数据支撑。

鉴于此，我们在研究我国森林生态系统固碳现状时采用了 ChinaCover 2010 数据，以其统计的我国森林主要类型的面积及空间分布为基准开展固碳研究，具体森林分类指标及分省（自治区、直辖市）分类型的面积数据见附录四。后续的固碳估算过程中所涉及的各森林类型的面积数据均来自于此，不再一一赘述。

第5章　中国森林生态系统固碳现状与格局

对森林碳储量估算的方法目前主要有清单调查法、通量观测法、模型模拟法和稳定性同位素法。其中，采用清单调查法计算森林碳储量时精度较高，但因生态系统的空间异质性，很难向大尺度推广，只适合样地尺度的生物量和碳储量研究，然而它为大尺度的森林碳储量研究提供了样本数据，是区域、国家及全球尺度森林碳储量研究的基础。

20 世纪 50 年代末，我国根据自然条件和林业建设实际需要，在川西、小兴安岭、海南尖峰岭等典型生态区域开展了专项半定位观测研究，并逐步建立了森林定位站，这标志着我国生态系统定位观测研究的开始。目前，通过不断发展，我国森林生态系统定位研究网络（CFERN）的森林定位站已扩展到 73 个，基本覆盖了我国主要典型生态区，并开展了一系列的长期定位观测研究。1988 年我国组建生态系统研究网络（CERN），设立了 11 个森林生态系统试验站，开始对森林生态系统的长期监测和研究。我国学者基于样地调查对森林生物量及碳储量的研究始于 20 世纪 70 年代，主要集中于对部分区域或几十种森林树种的研究，如北京西山人工油松林（陈灵芝等，1984）、海南尖峰岭热带雨林（李意德等，1992）、兴安落叶松（刘志刚等，1994）、云南哀牢山常绿阔叶林（谢寿昌等，1996）、长白松人工林（邹春静等，1995）、西双版纳热带山地雨林（郑征等，2006）、鼎湖山南亚热带常绿阔叶林（唐旭利等，2003a）等。到目前为止，我国森林生态系统碳循环研究在样地尺度上已积累了很多点上的分散资料，但基于大量数据综合性的研究还是极为有限，多数研究仍停留在斑块或点的水平上，并且由于各自研究方法和测试分析方法的差异，这些资料可比性较差，缺乏系统性。在全国、区域尺度上，方精云（2000）、方精云和陈安平（2001）、方精云等（1996，2002，2007）、罗天祥（1996）、汪业勖（1999）及王效科等（2001）曾先后对中国已发表的森林生物量和生产力资料进行过系统的分析和整理。

我国在大尺度上的样地调查主要为国家森林资源清查，以抽样调查为基础，采用设置固定样地定期实测的方法，在统一时间内，按统一要求查清全国森林资源宏观现状及其变化规律。目前在全国已布设了 30 万个样地，数据丰富，提供了森林树种、面积、蓄积量及立地条件等数据，为估算森林碳储量提供了可靠的数据资源。当前我国森林碳储量的估算研究基本上都是基于国家森林清查数据进行的（Fang et al.，2001）。但国家森林资源清查的对象主要针对立木，对森林生态系统中其他组分（灌木、草本、凋落物及土壤等）均未进行调查，这部分数据的缺失给大尺度的森林生态系统碳循环研究带来极大的困难。

正是在这样的背景下，研究人员基于顶层设计，按照统一的调查规范，在全国范围内对我国森林生态系统的各个组分展开调查，在准确估算我国不同森林类型全组分碳库现状的同时，建立了一套完备的用于我国森林生态系统碳循环研究的基础数据库，并期望对我国国家森林资源清查缺失的部分进行补充。本章研究基于“森林课题”的样地调查数据，对我国森林生态系统碳储量进行了估算。

在第 4 章我们已对固碳估算中的几个关键参数进行了详细阐述，再依据来自于在全国布设的 7800 个样地的调查数据，自下而上地展开我国森林生态系统的固碳估算工作。和前人的研究不同是，我们聚焦在森林生态系统全组分碳库上，包括乔木、林下植被、凋落物及土壤碳库，力图全面准确掌握我国森林生态系统的固碳现状。

5.1 数据和方法

5.1.1 样地布设和调查

根据我国气候带和植被类型的空间分布特征，把我国的森林分为六大片区，按各片区的面积和森林类型及其演替序列，共布设了具有代表性的 7800 个样地（图 3.2），并参考吴炳方等（2014）对森林类型的分类方法将所有样地分为 6 类（常绿阔叶林、落叶阔叶林、常绿针叶林、落叶针叶林及针阔叶混交林和竹林）。采取统一的调查规范对我国森林生态系统碳储量分片逐样地进行调查。具体方法和操作程序参见本书第 3 章。

5.1.2 碳库估算方法

按照《IPCC 优良做法指南》（IPCC，2003）和《IPCC 清单指南》（IPCC，2006）的建议，森林生态系统碳库主要包括乔木层碳库、林下植被碳库、凋落物碳库及土壤碳库四大组分：①乔木层碳库，干、枝、叶和根 4 个器官部分；②林下植被碳库，灌木（地上、地下）、草本（地上、地下）；③凋落物碳库；④土壤碳库。按从地表到深层的土壤厚度分 5 层，即 0～10 cm、10～20 cm、20～30 cm、30～50 cm 和 50～100 cm。

在样地尺度各个组分碳库的具体估算方法请读者参见本书 3.2.1 节，在此就不再赘述了。

区域尺度上，采用了基于样地调查数据和土地覆被分类数据的直接统计分析方法来估算我国森林生态系统碳库储量。具体方法请参见本书 3.2.2.1 节，下面仅对几个需要说明的地方加以阐述。

1. 碳含量转换系数的确定

如前面 4.2 节阐述，碳含量转换系数的选择不准确会带来较大的估算误差，选择合适的计算方法会提高计算结果的精度。因为在样地调查过程中，对森林生态系统各组分碳库的调查和对相应组分及器官碳含量的调查是同步进行的，故采取了逐样地计算的方法，在样地水平上利用测定的碳含量作为碳含量转换系数直接将生物量换算为碳储量。

2. 砾石含量的确定

从 ISRIC-WISE 1∶500 万土壤图中提取中国区域，再由样地的经纬度提取样地所在位置的土壤砾石含量数据，按照样地的森林类型和所在的省（自治区、直辖市）加以划分归并，得到我国分省（自治区、直辖市）分森林类型的森林土壤砾石含量数据（这里的分层是 0～20 cm、20～40 cm、40～60 cm、60～80 cm 及 80～100 cm），再利用加权平均法换算为本研究的土壤分层砾石含量（0～10 cm、10～20 cm、20～30 cm、30～50 cm 及 50～100 cm），具体处理方法和得到的数据结果请读者参见本书 4.3 节及附录三。由此对样地尺度的土壤碳库储量估算结果进行砾石剔除。

3. 森林土壤厚度的加权

对森林土壤厚度的加权主要体现在区域尺度的碳库储量估算上，从全国、分省（自治区、直辖市）、分省（自治区、直辖市）分植被型 3 个尺度分别进行。具体方法请读者参见本书 4.4.2 节。

4. 南方喀斯特区域土壤碳库储量的估算

在我国南部喀斯特山区，碳酸盐岩一方面风化形成土粒，另一方面不断溶蚀自身，使坡面破碎，在小尺度范围内形成石面、石沟、石坑、石缝等微地貌，在水流冲刷下使正地形上的土层物质向负地形中聚集，造成地表土被分布不连续，土层厚度相差悬殊，形成了高度异质性的生态环境单元，在人为作用的干扰下，出现喀斯特地区的石漠化特征（周运超等，2010）。喀斯特地貌占我国陆地总面积的 1/4（卢耀如，1986），在石漠化过程中，土壤分布及土壤厚度受到广泛关注。

喀斯特土壤土被具有不连片、土层浅的特点（王世杰和李阳兵，2007）。周运超等（2010）通过对小范围流域内土壤的空间分布特点研究，发现喀斯特土壤分布极不均匀，土被极度破碎，土壤厚薄分布不均匀，土壤分布面积与土壤厚度之间没有关联。龙健等（2005）通过对贵州地区研究发现，大部分喀斯特地区土层厚度多在 30 cm 以下。

我国南方喀斯特地区涵盖了七省（自治区）一市（湖北、四川、湖南、广西、贵州、广东、云南和重庆），森林面积共计 79.27 km^2，约占我国森林总面积的 42%（数据来源

ChinaCover 2010)。而在这 8 个省（自治区、直辖市）中，布设的调查样地共有 2111 个，处于喀斯特区域的有 528 个。因此，对该区域森林土壤碳库的研究必须将喀斯特土壤的空间分布和垂直特征纳入考虑，采用和其他地区相同的算法显然会高估喀斯特地区土壤有机碳储量。

从中国科学院地球化学研究所喀斯特科学数据中心获取了中国南方喀斯特土壤空间分布数据，该数据由人工从 1∶50 万地质图上解译获得，数据生成时间为 2009 年。基于该数据，与 ChinaCover 2010 森林覆盖数据进行了叠加处理，生成了我国南方喀斯特区域森林的分布数据，并统计了各个主要森林类型的分布面积（表 5.1）。

表 5.1　我国南方七省（自治区）一市喀斯特主要森林类型的分布及面积（单位：km^2）

	森林类型	湖北	湖南	广东	广西	重庆	四川	贵州	云南
非喀斯特森林	常绿阔叶林	1 372.73	11 590.07	58 945.12	44 292.13	5 626.33	10 882.22	4 231.26	63 240.38
	落叶阔叶林	7 454.41	1 867.28	5.35	1 313.01	3 290.39	7 548.46	6 425.88	
	常绿针叶林	22 040.71	49 221.35	33 115.38	38 931.09	9 239.42	90 501.44	13 227.34	82 222.37
	落叶针叶林	24.07		1.60		18.51	0.91		
	针阔叶混交林	417.24	1 091.71	8 178.88	5 832.12	1 277.20	3 509.95	246.86	
喀斯特森林	常绿阔叶林	1 528.58	5 650.99	4 316.57	14 662.14	2 370.67	4 018.23	1 892.87	15 443.58
	落叶阔叶林	6 796.59	1 927.34	0.27	1 378.76	1 757.28	2 066.57	6 611.72	
	常绿针叶林	19 082.64	18 222.59	1 628.92	13 855.34	10 297.90	21 350.28	15 361.76	29 588.51
	落叶针叶林	0.07	0.16	0.40		19.24	0.07		
	针阔叶混交林	434.25	428.24	355.78	2 177.24	706.56	1 224.61	406.17	
	喀斯特比例	47.07%	29.14%	5.91%	26.19%	43.79%	20.31%	50.15%	23.64%

在对南方喀斯特区域的森林碳库储量估算时，将主要森林类型分别细分为喀斯特森林和非喀斯特森林，对应的调查样地类型也相应细分。在样地水平上二者的碳库储量估算方法没有区别，仅在区域尺度上需要进行岩石出露率和土壤厚度的修正。其中，喀斯特森林的岩石出露率按照土壤面积的 20%作为权重进行修正，同时考虑喀斯特森林的最大土壤厚度为 50 cm，即未计算 50～100 cm 的碳储量。

5.2 结　果

5.2.1 我国森林生态系统各组分碳库及格局

如图 5.1 和表 5.2 所示，我国森林生态系统总碳密度为 163.83±7.05 Mg C/hm^2，

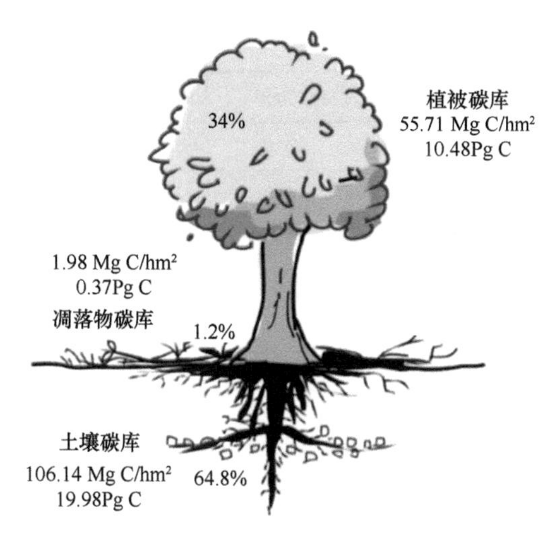

图 5.1　我国森林生态系统各组分碳库及垂直分布格局

表 5.2　我国森林生态系统全组分碳库储量

组分	样地数	样地平均碳密度/（Mg C/hm²）		碳库储量/Pg C		加权平均碳密度/（Mg C/hm²）	
		mean	SD	mean	SD	mean	SD
植被		54.26	7.10	10.48	0.65	55.71	3.45
乔木	6144	51.05	11.83	10.00	0.99	53.15	5.28
干		29.45	20.95	5.99	1.60	31.82	8.50
枝		8.17	7.37	1.55	0.68	8.21	3.62
叶		3.71	4.59	0.60	0.77	3.17	4.11
根		9.72	6.75	1.87	0.57	9.95	3.02
灌木	4659	2.16	2.97	0.28	0.13	1.49	0.70
地上		1.28	3.4	0.17	0.14	0.89	0.74
地下		0.87	2.46	0.11	0.12	0.60	0.65
草本	5300	1.01	1.58	0.20	0.07	1.06	0.35
地上		0.54	1.67	0.10	0.08	0.53	0.43
地下		0.51	1.48	0.10	0.04	0.53	0.23
植被地上		43.15	10.28	8.40	0.85	44.62	4.54
植被地下		11.10	4.23	2.09	0.34	11.09	1.79
凋落物	4900	2.19	2.41	0.37	0.25	1.98	1.35
土壤				19.98	2.19	106.14	11.64
0～10 cm	4059	28.32	19.29	4.98	1.52	26.47	8.07
10～20 cm	4019	20.8	16.05	3.57	1.28	18.98	6.82

续表

组分	样地数	样地平均碳密度/（Mg C/hm^2）		碳库储量/Pg C		加权平均碳密度/（Mg C/hm^2）	
		mean	SD	mean	SD	mean	SD
20～30 cm	3871	17.88	15.52	2.84	1.25	15.09	6.66
30～50 cm	3570	28.39	26.35	4.22	2.05	22.41	10.90
50～100 cm	2906	53.42	51.75	4.36	3.77	23.19	20.05
总计	6680			30.83	1.33	163.83	7.05

注：表中样地平均碳密度为各样地碳密度的算术平均值，平均碳密度为面积加权平均值

其中植被碳密度为55.71±3.45 Mg C/hm^2，土壤碳库0～100 cm为106.1± 11.6 Mg C/hm^2，凋落物碳密度为1.98±1.35 Mg C/hm^2。我国森林生态系统总碳储量为30.83±1.33 Pg C，其中植被碳库为10.48±0.65 Pg C，土壤碳库为19.98±2.19 Pg C，凋落物碳库为0.37±0.25 Pg C。植被组分碳库占到整个生态系统的34%，土壤组分约占64.8%，凋落物组分占到1.20%。土壤碳库储量约是植被碳库2倍。

在植被碳库中，乔木层碳密度为53.2±5.28 Mg C/hm^2，约占植被碳库的95.5%，林下灌木和草本的碳密度分别为1.49±0.70 Mg C/hm^{2}和1.06±0.35 Mg C/hm^2，各占植被碳库的2.7%和2.0%。地上植被碳密度和地下植被碳密度分别为44.62±4.54 Mg C/hm^{2}和11.09±1.79 Mg C/hm^2，地下与地上生物量碳密度的比值约为0.25。

土壤碳库0～100 cm中，从0～10 cm、10～20 cm、20～30 cm、30～50 cm到50～100 cm 5个土层的碳密度分别为26.47±8.07 Mg C/hm^2、18.98±6.82 Mg C/hm^2、15.09±6.06 Mg C/hm^2、22.41±10.90 Mg C/hm^2、23.19±20.05 Mg C/hm^2，其中，0～30 cm的土层碳密度为60.54±7.21 Mg C/hm^2，约占土壤总碳密度的57%。

由此可见，森林生态系统碳库中，除乔木层之外，林下植被（灌木、草本）及凋落物碳库储量在森林碳储量估算中不容忽视。土壤碳库储量的垂直分布特征表明其一半以上的碳分布在0～30 cm的表层土壤中。

5.2.2 我国各省（自治区、直辖市）森林碳库现状及分布特征

如表5.3和图5.2所示，我国各省（自治区、直辖市）植被及土壤碳密度差异比较显著，范围分别为26.18±2.48～100.34±6.86 Mg C/hm^{2}和57.22±7.85～238.27±10.78 Mg C/hm^2。植被碳密度高值区在西藏（100.34±6.86 Mg C/hm^2）、新疆（71.10±9.32 Mg C/hm^2）、四川（67.28±5.43 Mg C/hm^2）、云南（65.47±4.35 Mg C/hm^2）、吉林（63.96±4.27 Mg C/hm^2）；而低值区则位于天津（26.18±2.48 Mg C/hm^2）、上海（27.33±1.81 Mg C/hm^2）、山东（31.43±2.67 Mg C/hm^2）、河北（35.41±2.11 Mg C/hm^2）、江西（36.28±3.12 Mg C/hm^2）、

表 5.3　我国各省（自治区、直辖市）的森林全组分平均碳密度分布表

省（自治区、直辖市）	植被碳密度 /（Mg C/hm²）		地上植被碳密度 /（Mg C/hm²）		地下植被碳密度 /（Mg C/hm²）		凋落物碳密度 /（Mg C/hm²）		土壤 0～100 cm 碳密度 /（Mg C/hm²）	
	mean	SD	mean	SD	mean	SD	mean	SD	mean	SD
黑龙江	61.46	1.53	47.26	1.97	14.20	0.91	3.34	0.55	161.10	5.07
吉林	63.96	4.27	50.90	5.64	13.06	2.17	2.15	2.66	108.89	8.26
辽宁	43.83	1.97	36.80	2.71	7.04	0.66	1.72	1.66	161.68	11.93
内蒙古	36.78	2.11	27.94	2.51	8.84	1.61	0.94	0.25	141.52	13.62
甘肃	51.07	1.77	40.97	2.28	10.10	1.05	2.20	0.14	196.69	8.52
宁夏	39.14	3.01	31.99	4.00	7.15	1.46	5.89	3.49	171.31	15.87
新疆	71.10	9.32	58.13	12.59	12.97	3.93	1.27	0.68	179.32	28.73
山东	31.43	2.67	24.77	3.53	6.67	1.32	0.80	1.28	90.49	22.69
河北	35.41	2.11	26.39	2.43	9.01	1.72	2.49	1.10	121.24	14.29
北京	39.95	1.78	29.52	2.46	10.43	0.54	2.34	0.60	152.50	19.51
天津	26.18	2.48	20.19	3.18	6.00	1.48	1.21	0.64	98.60	16.97
山西	36.34	1.13	28.96	1.54	7.38	0.42	3.91	1.28	84.76	3.93
陕西	38.26	1.56	28.96	2.12	9.30	0.58	2.85	1.72	72.35	10.20
河南	42.38	3.90	32.39	4.86	10.00	2.61	1.21	1.07	57.22	7.85
浙江	47.45	1.92	37.65	2.53	9.79	0.99	2.24	0.28	73.97	10.02
安徽	48.22	0.82	38.72	0.91	9.50	0.71	2.09	0.87	77.93	4.71
湖北	51.76	2.23	41.19	2.61	10.58	1.77	1.64	0.60	73.68	8.87
江苏	45.76	1.59	37.95	2.11	7.81	0.79	1.09	0.71	111.43	11.84
上海	27.33	1.81	20.57	2.48	6.76	0.63	1.18	0.21	104.62	5.58
四川	67.28	5.43	54.01	7.12	13.26	2.89	2.34	0.58	74.23	9.12
重庆	41.84	3.42	34.63	4.55	7.20	1.62	2.41	0.72	58.10	7.93
福建	59.83	2.36	49.87	3.28	9.96	0.56	1.17	0.14	96.85	2.35
江西	36.28	3.12	27.55	4.08	8.73	1.70	0.82	0.92	122.13	7.32
湖南	39.18	2.53	32.29	3.41	6.88	1.10	2.74	0.67	67.60	8.15
广西	52.44	2.34	43.79	3.12	8.65	1.11	1.51	0.51	74.91	4.58
贵州	42.76	2.85	34.45	3.80	8.31	1.36	0.78	0.74	123.76	11.89
广东	56.75	3.84	47.47	5.08	9.28	1.94	2.57	0.96	104.61	7.41
海南	58.36	3.58	47.72	4.80	10.64	1.62	1.20	0.89	113.88	2.69
云南	65.47	4.35	53.79	5.77	11.68	2.12	1.80	0.43	72.32	2.50
青海	62.50	2.61	48.98	3.28	13.52	1.68	3.35	3.15	238.27	10.78
西藏	100.34	6.86	78.56	8.73	21.78	4.23	1.55	0.91	127.97	8.37

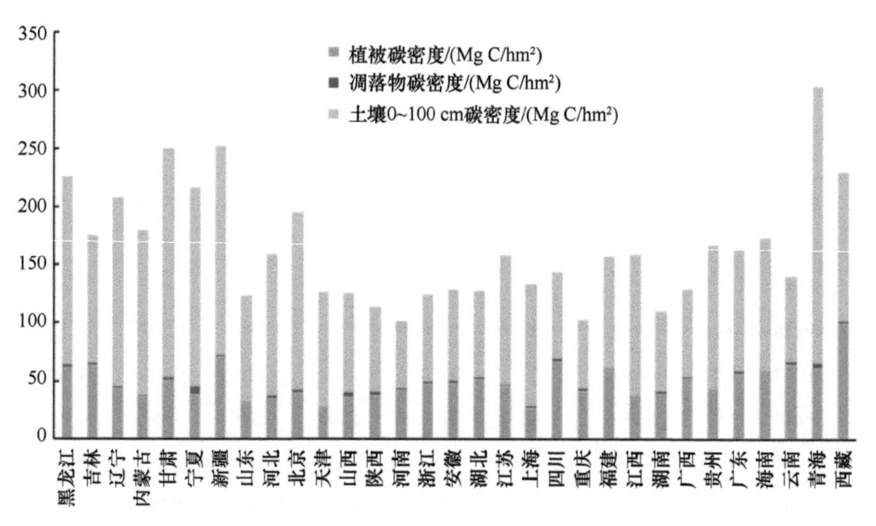

图 5.2 我国森林生态系统各组分碳密度在各省（自治区、直辖市）的分布

山西（36.34±1.13 Mg C/hm^2）等地。可以看出，我国森林植被碳密度较高的区域主要分布在西南、东北及青藏高寒地区，多为植被碳密度较高的亚高山针叶林、高寒林。而较低区域主要位于华中及华北地区，受人类社会经济活动影响较大，多为人工林分布。

我国森林生态系统碳库空间分布图见图 5.3。

我国森林土壤碳密度的范围为 57.22±7.85～238.27±10.78 Mg C/hm^2。高值区主要分布在青海（238.27±10.78 Mg C/hm^2）、甘肃（196.69±8.52 Mg C/hm^2）、新疆（179.32±28.73 Mg C/hm^2）、宁夏（171.31±15.87 Mg C/hm^2）、辽宁（161.68±11.93 Mg C/hm^2）、黑龙江（161.10±5.07 Mg C/hm^2）；而低值区则分布在河南（57.22±7.85 Mg C/hm^2）、重庆（58.10±7.93 Mg C/hm^2）、湖南（67.60±8.15 Mg C/hm^2）、云南（72.32±2.50 Mg C/hm^2）、陕西（72.35±10.20 Mg C/hm^2）、湖北（73.68±8.87 Mg C/hm^2）、浙江（73.97±10.02 Mg C/hm^2）等地。可以看出，我国森林土壤碳密度高值区主要位于西北及东北地区，而低值区主要位于中部和南部。

由图 5.3 可以看出，我国森林生态系统碳密度范围为 100.81±5.10～304.12±6.66 Mg C/hm^2。高值区主要分布在青海（304.12±6.66 Mg C/hm^2）、新疆（251.68±17.44 Mg C/hm^2）、甘肃（249.96±5.03 Mg C/hm^2）、西藏（229.86±6.27 Mg C/hm^2）、黑龙江（225.9±3.07 Mg C/hm^2）；而低值区则分布在河南（100.81±5.10 Mg C/hm^2）、重庆（102.35±5.0 Mg C/hm^2）、湖南（109.51±4.94 Mg C/hm^2）、陕西（113.45± 6.04 Mg C/hm^2）、山东（122.72±13.21 Mg C/hm^2）、浙江（123.66±5.89 Mg C/hm^2）、山西（125.02±2.47 Mg C/hm^2）、天津（126.0±9.91 Mg C/hm^2）、湖北（127.08±5.29 Mg C/hm^2）等地。我国森林生态系统碳密度高值区都位于青藏高寒地区、西北和东北地区，低值区则位于中部地区，这跟我国的森林资源分布、人类活动及气候特征有着密切的关系。

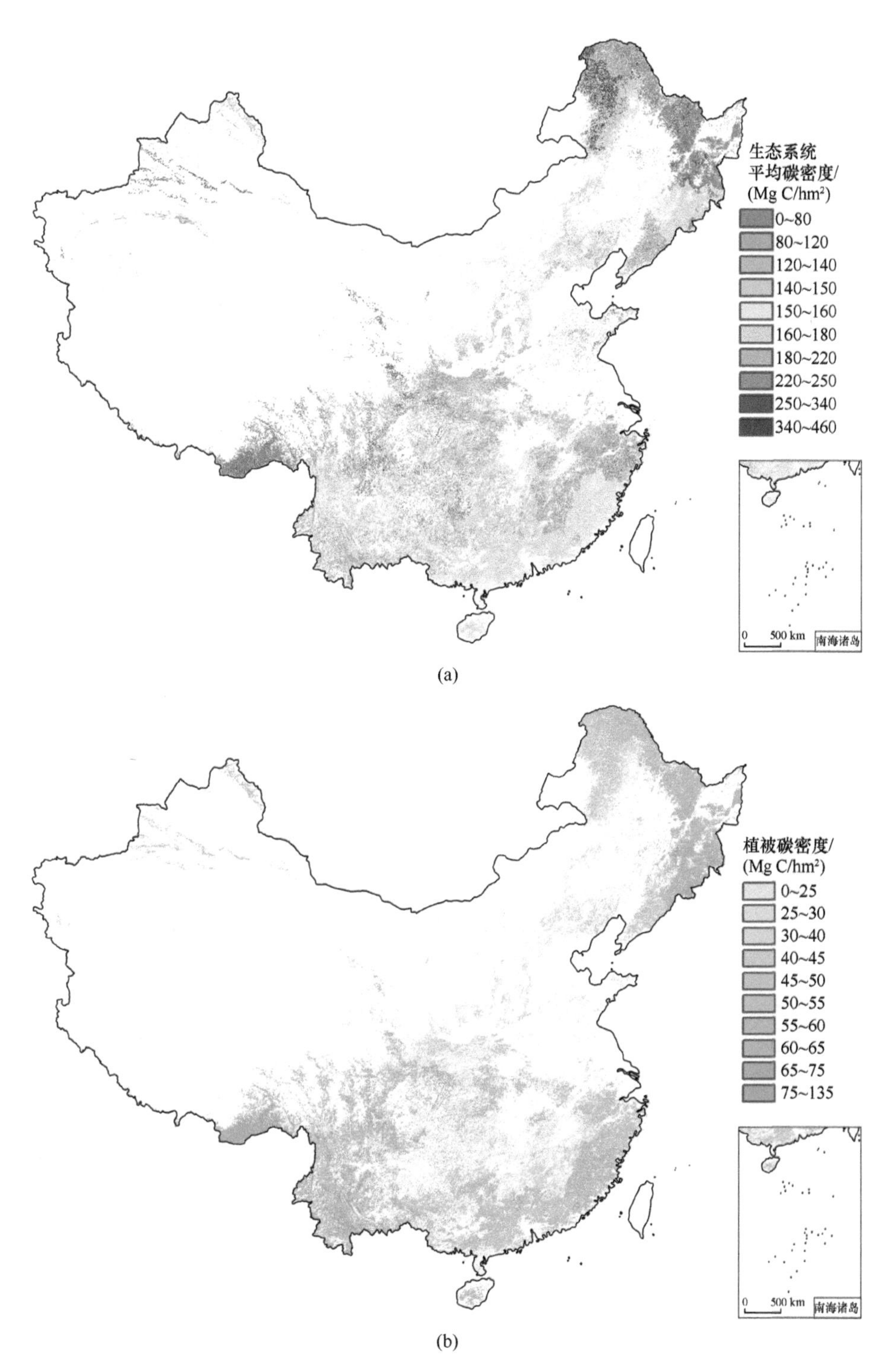

图 5.3　中国森林生态系统平均碳密度（a）及各组分［植被（b）、凋落物（c）和土壤（d）］碳密度空间分布图

此调查不包括台湾省

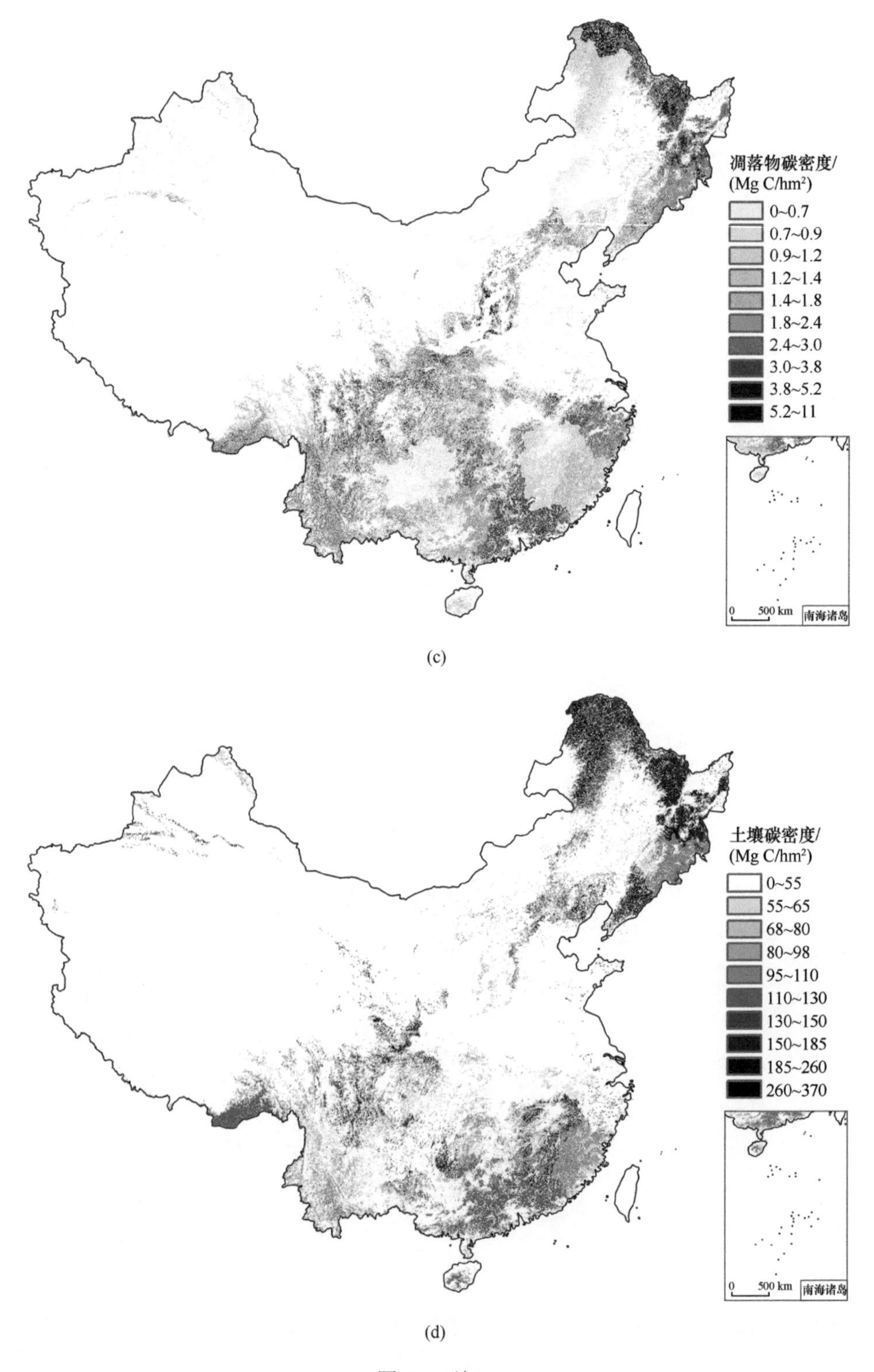
凋落物碳密度/
(Mg C/hm²)
0~0.7
0.7~0.9
0.9~1.2
1.2~1.4
1.4~1.8
1.8~2.4
2.4~3.0
3.0~3.8
3.8~5.2
5.2~11
0 500 km
南海诸岛
(c)
土壤碳密度/
(Mg C/hm²)
0~55
55~65
68~80
80~98
95~110
110~130
130~150
150~185
185~260
260~370
0 500 km
南海诸岛
(d)

图 5-3（续）

如表 5.4 和图 5.4 所示，我国各省（自治区、直辖市）植被及土壤碳库储量差异也比较显著，范围分别为 0.13±0.01～1247.13±82.84 Tg C 和 0.50±0.03～3220.70±101.32 Tg C。植被碳库储量高值区主要分布在云南（1247.13±82.84 Tg C）、黑龙江（1228.60±30.64 Tg C）、四川（949.27±76.68 Tg C）、西藏（851.39±52.22 Tg C）；土壤碳库储量高值区主要分布在黑龙江（3220.70±101.32 Tg C）、内蒙古（2319.96±223.33 Tg C）、云南（1377.72±47.66 Tg C）、江西（1193.68±71.53 Tg C）、广东（1114.62±78.90 Tg C）、西藏（1085.90±71.06 Tg C）、四川（1047.45±128.73 Tg C）等地。可以看出，我国植被及土壤碳库储量主要分布在西南和东北地区。

表 5.4　我国森林各组分碳库储量在各省（自治区、直辖市）的分布

省（自治区、直辖市）	植被碳库/Tg C		地上植被碳库/Tg C		地下植被碳库/Tg C		凋落物碳库/Tg C		0～100 cm 土壤碳库/Tg C	
	mean	SD	mean	SD	mean	SD	mean	SD	mean	SD
黑龙江	1228.60	30.64	944.70	39.31	283.90	18.24	66.70	10.98	3220.70	101.32
吉林	537.53	35.93	427.77	47.42	109.76	18.24	18.03	22.37	915.15	69.38
辽宁	245.41	11.02	206.01	15.15	39.40	3.67	9.63	9.27	905.20	66.82
内蒙古	602.88	34.62	458.00	41.21	144.88	26.45	15.45	4.11	2319.96	223.33
甘肃	107.68	3.74	86.38	4.80	21.29	2.22	4.64	0.29	414.67	17.96
宁夏	2.60	0.20	2.12	0.27	0.47	0.10	0.39	0.23	11.36	1.05
新疆	172.39	22.61	140.95	30.53	31.44	9.52	3.08	1.64	434.81	69.66
山东	57.37	4.87	45.21	6.45	12.17	2.41	1.46	2.33	165.18	41.42
河北	140.12	8.33	104.46	9.61	35.67	6.82	9.86	4.34	479.81	56.54
北京	17.59	0.78	13.00	1.08	4.59	0.24	1.03	0.26	67.16	8.59
天津	0.83	0.08	0.64	0.10	0.19	0.05	0.04	0.02	3.12	0.54
山西	88.38	2.74	70.42	3.75	17.95	1.02	9.52	3.11	206.11	9.55
陕西	226.51	9.22	171.46	12.57	55.05	3.44	16.85	10.19	428.31	60.38
河南	86.77	7.98	66.30	9.95	20.47	5.34	2.48	2.18	117.14	16.08
浙江	288.37	11.68	228.84	15.40	59.53	5.99	13.61	1.73	449.53	60.87
安徽	148.99	2.53	119.63	2.83	29.36	2.20	6.46	2.68	240.80	14.56
湖北	306.19	13.18	243.63	15.42	62.56	10.48	9.71	3.54	435.82	52.49
江苏	14.09	0.49	11.69	0.65	2.40	0.24	0.34	0.22	34.31	3.64
上海	0.13	0.01	0.10	0.01	0.03	0.00	0.01	0.00	0.50	0.03

续表

省（自治区、直辖市）	植被碳库/Tg C		地上植被碳库/Tg C		地下植被碳库/Tg C		凋落物碳库/Tg C		0～100 cm 土壤碳库/Tg C	
	mean	SD	mean	SD	mean	SD	mean	SD	mean	SD
四川	949.27	76.68	762.12	100.50	187.15	40.71	33.08	8.12	1047.45	128.73
重庆	144.77	11.82	119.84	15.74	24.92	5.62	8.34	2.48	201.05	27.43
福建	497.94	19.61	415.08	27.34	82.86	4.67	9.72	1.18	806.06	19.53
江西	354.55	30.54	269.27	39.88	85.28	16.58	8.02	9.04	1193.68	71.53
湖南	352.59	22.80	290.65	30.69	61.94	9.93	24.66	6.00	608.37	73.37
广西	642.09	28.71	536.18	38.24	105.91	13.63	18.48	6.19	917.21	56.05
贵州	206.97	13.81	166.73	18.39	40.24	6.57	3.78	3.60	599.03	57.53
广东	792.69	40.96	646.77	54.10	145.92	20.68	27.38	10.22	1114.62	78.90
海南	53.71	3.30	43.91	4.42	9.79	1.49	1.10	0.82	104.79	2.47
云南	1247.13	82.84	1024.64	109.95	222.48	40.46	34.25	8.24	1377.72	47.66
青海	18.38	0.77	14.40	0.97	3.98	0.49	0.98	0.93	70.06	3.17
西藏	851.39	58.22	666.61	74.11	184.78	35.89	13.15	7.70	1085.90	71.06

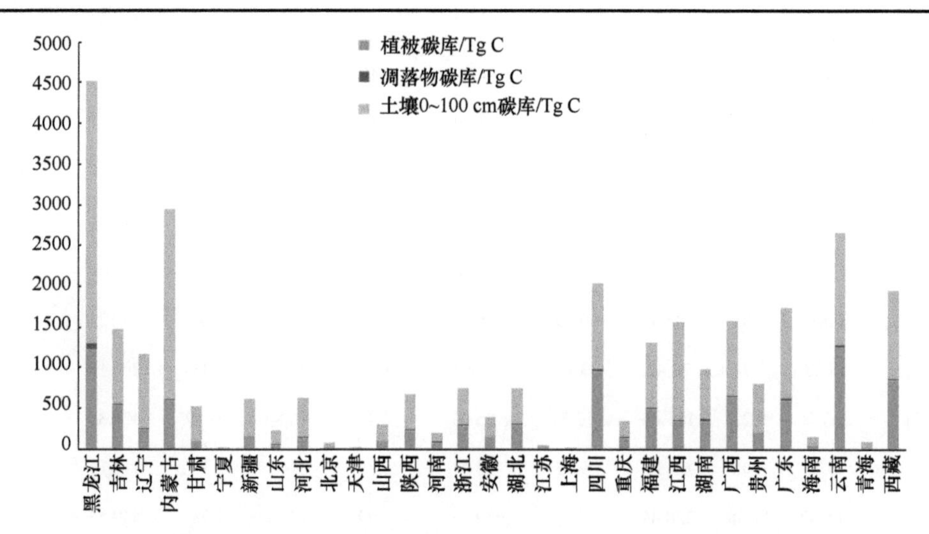

图 5.4　我国森林各组分碳库储量在各省（自治区、直辖市）的分布

我国森林生态系统碳储量的分布如图 5.4 所示。森林生态系统碳储量较大的几个省（自治区）：黑龙江（4516.00±61.44 Tg C）、内蒙古（2938.29±130.50 Tg C）、云南（2659.10±55.38 Tg C）、四川（2029.8±86.64 Tg C）、西藏（1950.44±53.23 Tg C）共计 14.1 Pg C，约占到全国总量的 46%，这些地区是我国森林碳库的主体。

5.2.3　我国主要森林类型碳库现状及分布特征

表 5.5 为我国主要森林类型的碳密度分布。可以看出，植被碳密度最大的为常绿阔叶林（66.30±13.60 Mg C/hm^2），其次为常绿针叶林（59.27±10.36 Mg C/hm^2），竹林最小（31.46±9.19 Mg C/hm^2）；土壤碳密度最大的为落叶针叶林（176.19±16.31 Mg C/hm^2），其次为落叶阔叶林（119.43±10.89 Mg C/hm^2），最小的是常绿针叶林（89.15±15.20 Mg C/hm^2）。生态系统总碳密度最大的是落叶针叶林（233.77±11.29 Mg C/hm^2）。

表 5.5　我国主要森林类型各组分碳密度

类型	植被碳密度 /（Mg C/hm^2）		凋落物碳密度 /（Mg C/hm^2）		土壤 0～100 cm 碳密度/（Mg C/hm^2）		生态系统总碳密度/（Mg C/hm^2）	
	mean	SD	mean	SD	mean	SD	mean	SD
常绿阔叶林	66.30	13.60	1.67	0.81	94.44	9.17	162.41	9.48
落叶阔叶林	46.96	11.37	1.93	0.77	119.43	10.89	168.33	9.10
常绿针叶林	59.27	10.36	2.05	1.80	89.15	15.20	150.47	10.67
落叶针叶林	54.78	10.68	2.80	1.51	176.19	16.31	233.77	11.29
针阔叶混交林	55.15	8.31	2.74	1.80	113.27	14.63	171.15	9.77
竹林	31.46	9.19			114.14	8.37	145.60	7.18

表 5.6 为我国主要森林类型的碳储量分布。可以看出，我国森林碳储量主要集中在常绿针叶林、落叶阔叶林及常绿阔叶林。储量最大的是常绿针叶林（10.92±0.77 Pg C），约占全国储量的 1/3。

表 5.6　我国主要森林类型各组分碳储量

类型	植被碳库/Pg C		凋落物碳库/Pg C		土壤 0～100 cm 碳库/Pg C		生态系统碳储量/Pg C	
	mean	SD	mean	SD	mean	SD	mean	SD
常绿阔叶林	2.25	0.46	0.06	0.03	3.21	0.31	5.52	0.32
落叶阔叶林	2.71	0.66	0.11	0.04	6.88	0.63	9.70	0.52
常绿针叶林	4.30	0.75	0.15	0.13	6.47	1.10	10.92	0.77
落叶针叶林	0.60	0.12	0.03	0.02	1.93	0.18	2.57	0.12
针阔叶混交林	0.49	0.07	0.02	0.02	1.01	0.13	1.53	0.09
竹林	0.13	0.04			0.47	0.03	0.60	0.03

图 5.5 为我国森林地下与地上植被碳密度及植被与土壤碳密度分布图。从中可以看出，我国森林植被地下与地上碳密度比约为 0.25（0.22～0.31），土壤与植被碳密度比为 2.6（1.4～3.6）。

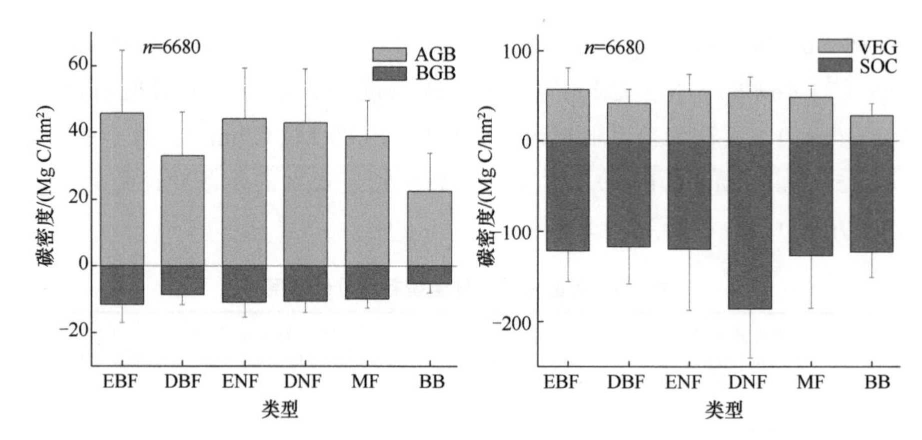

图 5.5 主要森林类型地上与地下生物量碳密度及植被与土壤碳密度

AGB. 地上植被碳密度；BGB. 地下植被碳密度；VEG. 植被碳密度；SOC. 土壤碳密度；EBF. 常绿阔叶林；DBF. 落叶阔叶林；ENF. 常绿针叶林；DNF. 落叶针叶林；MF. 针阔叶混交林；BB. 竹林

5.2.4 我国不同地理区域森林碳库现状及分布特征

图 5.6 和表 5.7 为我国 6 个地理分区森林生态系统碳储量分布。从中可以看出，我国森林碳库主要集中在我国西南和东北地区，其中西南地区的碳储量最大，高达 7.80 Pg C，其次为东北部（7.15 Pg C）和中南部（5.72 Pg C），西南和东北的储量约占全国总量的一半。东北地区的土壤碳密度为 148.29±8.87 Mg C/hm^2，而中南部地区仅为 80.87±6.95 Mg C/hm^2，二者之间相差近两倍。

空间分布上，我国森林碳储量在南部和北部呈现明显相反的变化趋势：在北部，从西北到东北，植被、凋落物及土壤组分碳库储量均表现为由低到高的递增趋势，变化范围为 1.91～7.15 Pg C；而在南部，从西南到东部，植被、凋落物及土壤组分均表现为由高到低的递减趋势，变化范围为 7.80～4.29 Pg C。

5.2.5 我国森林林龄与碳密度分布特征

样地调查结果表明，近 90%的森林林龄小于 60 年，平均碳密度为 60 Mg C/hm^2（图 5.7），明显低于成熟森林（>100 年，平均碳密度为 104.7±30.3 Mg C/hm^2）及全球平均森林植被碳密度（94.2 Mg C/hm^2），随着森林生长成熟将表现出较大的碳汇增长空间。

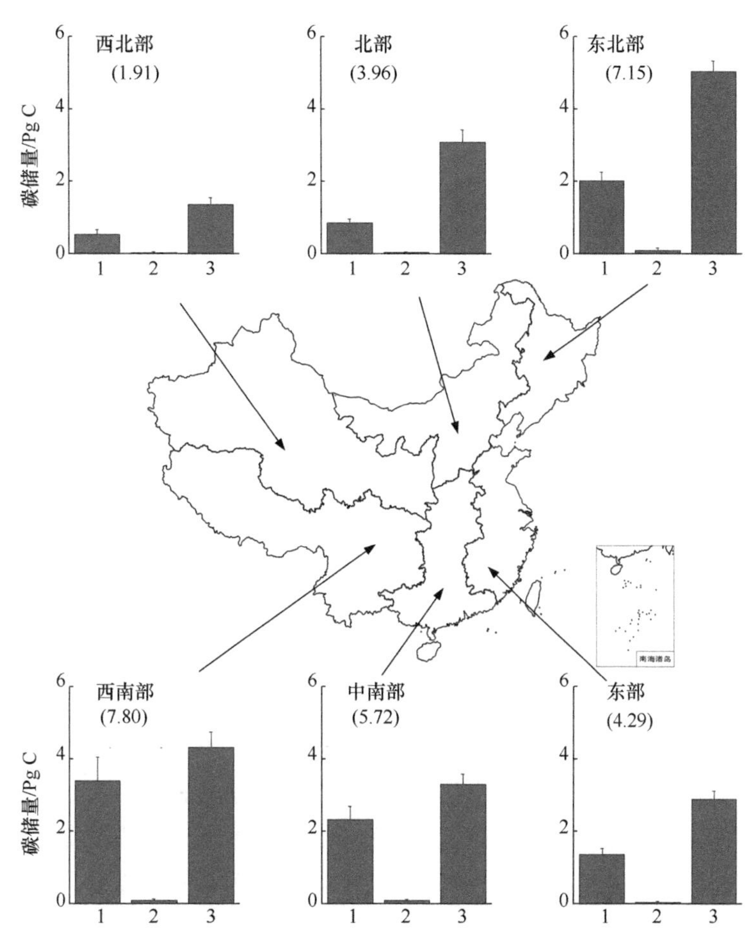

图 5.6　我国森林碳储量在不同地理区域的分布

1. 植被；2. 凋落物；3. 土壤；括号中数字为该区域的碳库储量

表 5.7　我国不同地理分区森林碳密度

	植被碳密度/（Mg C/hm²）		凋落物碳密度/（Mg C/hm²）		SOC/（Mg C/hm²）		生态系统碳密度/（Mg C/hm²）	
	mean	SD	mean	SD	mean	SD	mean	SD
东部	46.30	5.40	1.35	0.61	98.29	7.67	145.95	5.43
北部	36.54	4.54	1.54	0.86	132.28	14.65	170.37	8.87
东北部	59.17	6.84	2.78	1.84	148.29	8.87	210.24	6.56
西北部	48.79	12.71	2.40	2.26	125.69	16.55	176.88	12.12
中南部	57.23	8.57	2.06	0.81	80.87	6.95	140.16	6.39
西南部	68.06	12.93	1.85	0.69	86.32	8.53	156.23	8.95

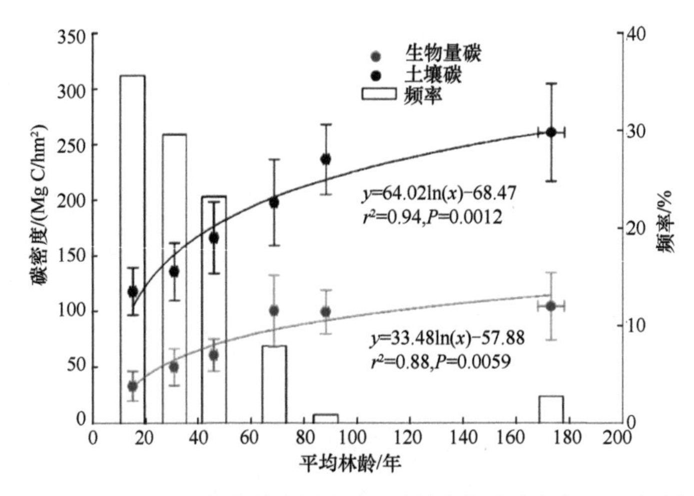

图 5.7　森林样地平均年龄样地频率和对应的生物量碳密度、土壤碳密度

5.3　讨　　论

5.3.1　森林碳库储量估算结果的差异性

到目前为止，尚没有文献详尽而全面地对我国森林生态系统全组分碳库及格局进行过报道，很多文献都仅仅对林分乔木层或者土壤等部分进行研究，而且采用的数据源及估算体系都不同，难以做到结果的可比、可检验。基于本研究制定的标准调查规范及清查体系，在全国范围内开展大尺度宏观调查工作，旨在打破这个壁垒，彻底弄清我国森林生态系统全组分碳库的真实状况。

结果表明，我国森林生态系统各组分碳库的总碳密度为 163.83±7.05 Mg C/hm^2，其中植被碳密度为 55.71±3.45 Mg C/hm^2，土壤 0～100 cm 碳密度为 106.14±11.64 Mg C/hm^2，凋落物碳密度为 1.98±1.35 Mg C/hm^2。我国森林生态系统总碳储量为 30.83±1.33 Pg C，其中植被碳储量为 10.48±0.65 Pg C，土壤碳储量为 19.98±2.19 Pg C，凋落物碳储量为 0.37±0.25 Pg C。植被组分碳库储量占整个生态系统的 34%，土壤组分约占 64.8%，凋落物组分也占到 1.20%。土壤碳库储量约是植被碳库的 2 倍。有研究表明，全球森林土壤碳库储量约为植被碳库的 2.2 倍（Dixon et al.，1994），我国森林土壤碳库储量为植被碳库的 2.5～2.7 倍（Pan et al.，2011），我们的结果略低。刘华和雷瑞德（2005）的估算结果表明，我国植被碳库储量为 6.02 Pg C，而土壤碳库储量为 21.02 Pg C，平均碳密度为 258.83 Mg C/hm^2，植被碳密度约为 57.6 Mg C/hm^2，和我们的结果比较接近。周玉荣等（2000）根据文献中的实测样地数据估算中国森林植被碳密度为 57.1 Mg C/hm^2，植被碳库储量为 6.2Pg C，土壤碳密度为 193.6 Mg C/hm^2，土壤碳库储量为 21 Pg C，与本研究的结果较为接近。方精云等（2007）利用森林资源清查资料对 1981～2000 年中国森林植被碳汇进行了估算，发现平均碳密度在 36.9～41.0 Mg C/hm²。徐新良等（2007）利用森林资源清查资料，估算出我国森林植被 1999～2003 年平均碳密度为 38.56 Mg C/hm²。Pan 等（2011）基于森林资源清查资料，估算出我国 2007 年森林生态系统总碳密度为 155.5 Mg C/hm²（表 5.8）。郭兆迪等（2013）利用森林资源清查资料，估算出我国森林植被 2004～2008 年平均碳密度为 41.3 Mg C/hm²。

表 5.8　Pan 等（2011）估算的我国森林各组分碳库储量及碳密度

年份	植被碳库 /Pg C	凋落物碳库 /Pg C	土壤碳库 /Pg C	总储量 /Pg C	植被碳密度 /（Mg C/hm²）	凋落物碳密度 /（Mg C/hm²）	土壤碳密度 /（Mg C/hm²）	平均碳密度 /（Mg C/hm²）
1990	5.3	1.1	14.3	20.8	38.1	7.9	102.8	149.5
2000	5.9	1.1	15.0	22.1	41.3	7.7	104.9	154.6
2007	6.5	1.2	16.3	24.2	41.8	7.7	104.7	155.5

注：植被、凋落物及土壤碳密度基于 Pan 等（2011）数据计算得到

土壤碳库是陆地生态系统中最重要的碳库，我国各森林类型土壤碳储量的变化范围在 44～264 Mg C/hm²，平均为 107.8 Mg C/hm²（刘世荣等，2011）。王绍强等（2000）根据第二次土壤普查实测数据估算的中国土壤有机碳储量为 92.4 Pg C，平均碳密度为 105.3 Mg C/hm²。方精云（2007）计算的储量约为 185.7 Pg C。汪业勖（1999）的储量估算结果为 106.04 Mg C/hm²（全国森林土壤土层平均厚度约为 39.61 cm）。Yang 等（2007）根据第二次土壤普查及在西北地区补充调查估算的结果为 52.4 Mg C/hm²（0～30 cm）、112 Mg C/hm²（0～100 cm），略小于我们的结果 60.54 Mg C/hm²（0～30 cm），其发现森林土壤在 0～30 cm 厚度的碳储量约占到全部储量的 46.8%，略低于我们的结果 57%。

显而易见，不同的估算结果之间均存在一定的差异，本研究的结果与基于实测资料或文献收集估算的结果比较接近，但比基于清查资料估算的结果偏高。原因之一是本研究对森林植被的调查包括了林下灌草组分，而结果表明灌木和草本组分碳储量各占植被碳库的 2.8%和 2.1%，使得植被部分碳密度略高。原因之二是由中幼龄林和成熟林之间权重的偏差引起的。由于成熟森林的平均生物量是中幼龄林生物量的 2～4 倍，小的偏差都将导致较大的植被碳密度差异。原因之三是对于森林面积的确定存在差异，我国森林在不同时期的面积变化较大且来源不一，对最终估算结果影响很大。另外，在对土壤碳库储量估算的过程中对土层厚度和砾石的处理也存在不一致，尤其是我们还考虑了南方地区喀斯特地貌对森林土壤碳库的影响。

5.3.2　气候因素对森林碳库格局的影响

使用湿润指数（*P*/PET，降水量与潜在蒸散量的比例）（Zhou et al.，2015）作为

气候因素指标，分析气候因素对生态系统碳库的影响。结果表明，湿润指数在 0～4 内，陆地生态系统碳密度的空间分布与 *P*/PET 的空间分布高度一致（图 5.8）。碳密度≥100 Mg C/hm^2 的生态系统通常位于年均湿润指数≥1 的地区。生态系统碳密度随年均 *P*/PET 增加呈线性增加。当湿润指数小于 1 时，生态系统碳密度主要由湿润指数驱动（r^2=0.96）。相比之下，湿润指数大于 1 时，*P*/PET 对生态系统碳密度的影响较弱。

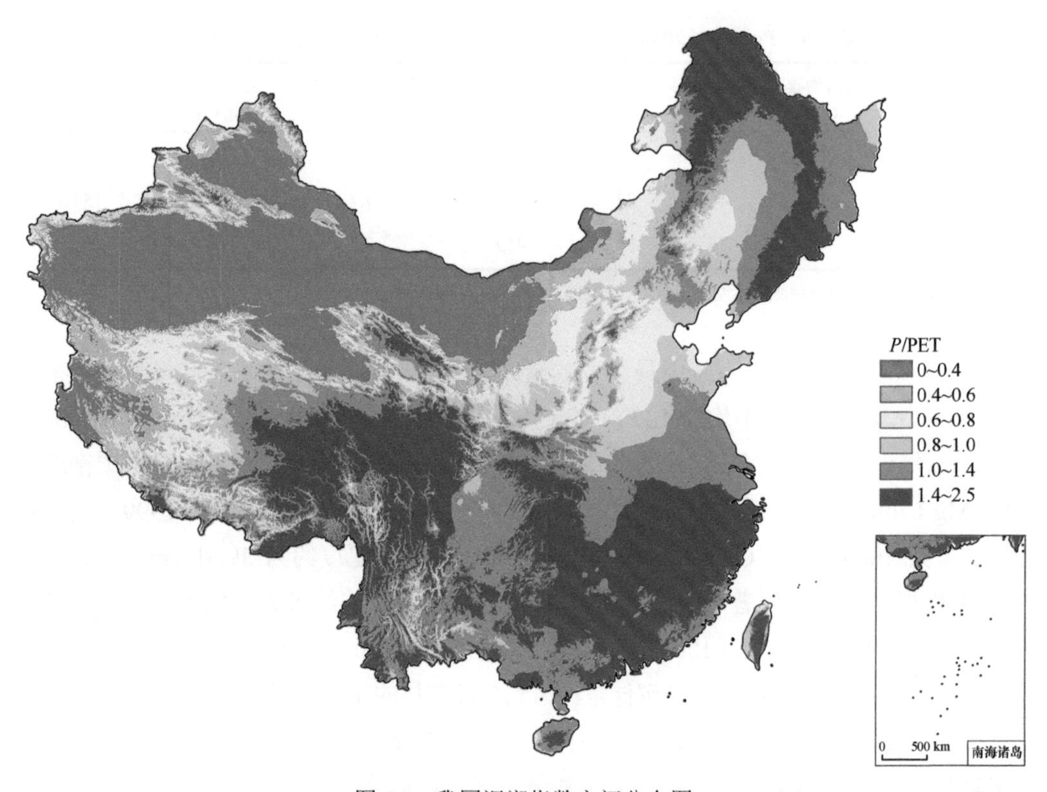

图 5.8　我国湿润指数空间分布图

研究结果显示，*P*/PET 对生态系统碳密度的影响存在两种相反的情况：当湿润指数小于 1 时，生态系统碳密度受湿润指数调节；当湿润指数大于 1 时，湿润指数对碳密度没有显著的影响。这种差异表明，碳储量的限制因子因干旱和湿润地区而不同。众所周知，降水是干旱区植物生长和微生物呼吸的主导限制因子，因此在这些区域水分是限制碳储量的主要因素。相比之下，在湿润地区，其他因素如温度和养分的有效性，可能会限制植物生产、微生物分解。以下证据可以证明这一结论的准确性：在年均湿润指数大于 1 的湿润地区，生态系统净初级生产力受呼吸而不是总初级生产力控制；而在湿润指数小于 1 的干旱地区，生态系统净生产力与降水梯度高度相关。这些观点可以部分解释我们发现的规律，当然，这些问题仍然需要将来开展深入的研究来解决。

5.3.3 人类活动对森林碳库格局的影响

将所有的样地按受人类活动影响的强弱程度分为两组，研究人类活动对森林生态系统碳库的影响。受人类活动影响较强的样地主要在人工林；受人类活动影响较弱的样地在天然林。研究结果显示，人类活动减少了绝大多数森林样地的地上及地下部分生物量，从而导致生物量降低（图 5.9）。由于地下部分生物量的减少与地上部分生物量的减少是成比例的，因此从根冠比来看，人类活动对碳库储量的影响并不显著。与受人类活动影响较强的样地相比，受人类活动影响小的样地具有较高的植被和土壤碳密度（图 5.9）。

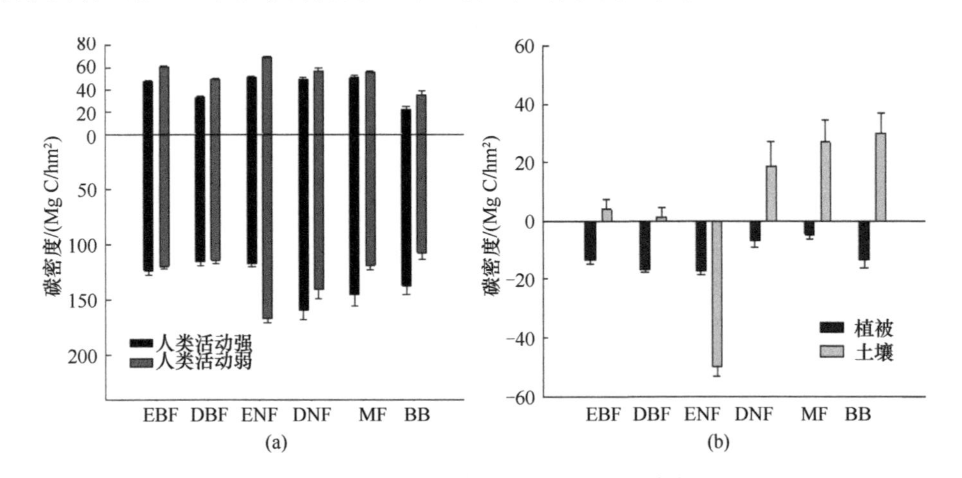

图 5.9　人类活动强弱程度对森林生态系统碳库的影响

（a）植被和土壤碳密度；（b）人类活动影响对植被和土壤碳密度的净影响

EBF. 常绿阔叶林；DBF. 落叶阔叶林；ENF. 常绿针叶林；DNF. 落叶针叶林；MF. 针阔叶混交林；BB. 竹林

以受人类活动影响较小的样地作为参考，可以评估人类活动对森林生态系统碳库的净效应（图 5.9）。可以看出，人类活动对土壤碳库的影响较对植被碳库的影响大。落叶针叶林（DNF）和针阔叶混交林（MF）中人类活动对土壤碳库产生了净增加的效应。DNF 和 MF 可能通过人工引入原生阔叶树而导致土壤碳密度增加。因此，研究人类活动对森林生态系统碳密度的实质性影响为制定土地的碳管理策略提供了指导。保护措施如退耕还林和天然林保护工程，显著促进植被碳库储量增加，亦可以增加土壤固碳。对于一些集中管理的生态系统，如竹子的森林和草地，人类活动可能会增加土壤碳储量。

5.4　结　　论

本研究中森林生态系统的碳储量由于所选研究方法和侧重点的不同存在较大的差异，难以准确反映我国森林生态系统碳储量。同时，由于我国面积大，区域间的差异大，很多在样地尺度上的研究也不能反映出我国森林的整体情况。宏观的国家森林资源清查也仅能反映森林立木，缺乏其他组分及土壤碳库的数据。基于模型模拟的结果同样由于缺乏大尺度的样地实测数据来进行检验和校正，导致差异较大。本研究以覆盖全国范围的具有一定代表性的大量样地调查数据为基础，对我国森林生态系统各组分碳库储量进行了估算和分析，结果将为正确评价我国森林生态系统在全球碳循环中的作用提供可靠的数据支撑，并可以为建立碳循环模型提供参数和检验样本，也为我国森林经营管理提供理论依据。

我国森林当前的状况是以中幼龄林为主，因此生物量远低于世界平均水平，然而随着森林生长成熟将表现出较大的碳汇增长空间。我国在经历大规模的造林活动之后，森林碳汇将持续稳定增长。另外，随着生态文明建设的深入，人类活动对森林的扰动将日益减少，森林碳库结构将趋于优化，会体现出持续而稳定的固碳能力。

第 6 章　中国森林生态系统固碳速率与潜力

近几十年来，中国陆地植被发生了巨大的变化，先后经历了掠夺性开发、抢救性恢复的过程，并将过渡到自然发展的状态。自 20 世纪 50 年代以来，由于过度开发资源，一些陆地生态系统严重退化。例如，我国的森林覆盖率从 20 世纪 50 年代早期的 30%下降到 90 年代初 13.9%。改革开放以后，随着经济的快速发展和城市化进程的加快，我国政府在发展社会经济的同时开展了大规模的以植被恢复为目的的生态工程建设，如退耕还林、三北防护林、天然林保护工程等。这些生态工程的实施使得我国的森林覆盖率已从 20 世纪 90 年代初的 13.9%提高到 2010 年的 21.6%，预计到 2050 年我国的森林覆盖率将超过 26%。我国森林具有以中幼龄林为主的特征，具有较大的生长潜力，加之当前的生态恢复措施，都表明森林生态系统存在较大的碳汇潜力。

6.1　中国森林生态系统固碳速率

6.1.1　基于调查的森林固碳模型

基于森林野外调查数据，构建了适用于森林碳过程模拟的中国森林生态系统固碳模型（China's forest carbon model，CFCM）。利用该模型可相对准确地估算和预测我国森林生态系统的固碳潜力和速率，评价气候变化和管理措施对我国森林生态系统固碳速率的影响，提出合理的森林增汇管理措施，为气候变化外交谈判提供服务和咨询。

CFCM 是基于"森林课题"获取的大量森林样地数据，结合 ChinaCover 数据而建立起来的半经验、半机理模型，用于估算中国森林植被和土壤的固碳速率与潜力，以及气候变化和管理措施对其的影响。

6.1.1.1　CFCM 构建

CFCM 由 3 个模块组成：第一个是描述植被-大气-土壤之间辐射、水、热交换过程的陆面物理过程模块；第二个是基于经验方程的生物量计算模块；第三个是土壤有机碳分解和转换模块，见图 6.1，虚线框为各模块的输出变量。

将气象数据、土壤质地、森林类型、林龄等数据输入模型以后，通过物理过程模块计算出土壤的温度和湿度，与通过生物量计算模块计算出的凋落物量一起作用于土壤模块，得到土壤固碳速率，通过生物量计算模块可以计算出植被固碳速率，从而可以计算出整个森林生态系统的固碳速率。

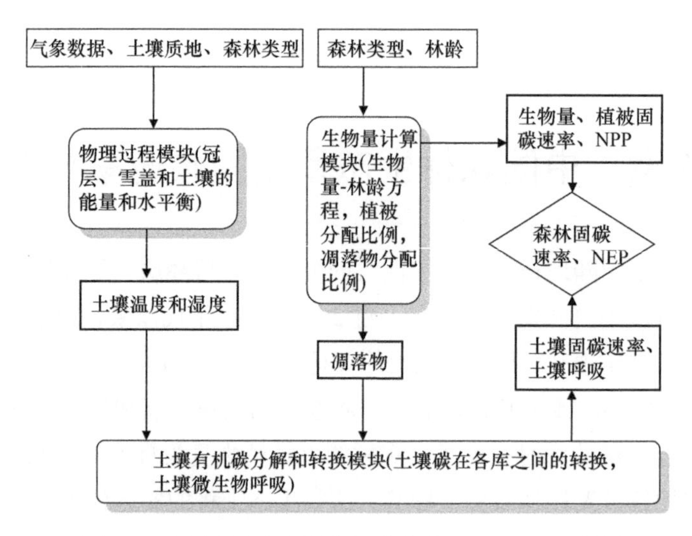

图 6.1　中国森林生态系统固碳模型（CFCM）结构图

CFCM 通过不同时间步长的耦合，将这 3 个过程有机地结合在一起。其中，物理过程模块采用半隐式计算方案，积分步长为 30 min；生物量计算和土壤有机碳分解的时间步长取 1 年。模型中的主要参数通过对森林野外调查数据统计得到。

1. 生物量计算模块

森林生物量的估算通过由森林样地数据拟合的不同森林类型的林龄-生物量方程得到。图 6.2 为用于生成林龄-生物量方程的森林样地的空间分布图。由其可见，森林样地均匀分布于中国森林区域。我们将中国森林分为 35 种类型，分别建立了不同森林类型的生物量估算经验方程。中国主要森林类型的林龄-生物量方程及其利用的野外调查样地数见表 6.1。

2. 物理过程模块

CFCM 的物理过程模块与大气植被相互作用模型（AVIM2）是一致的，物理过程模块的详细结构和过程参数化在 Ji 和 Hu（1989）、Cassardo 等（1993）、吕建华和季劲钧（2002）的文献中已有详细描述。在此仅列出物理过程模块控制方程。

冠层、土壤和雪盖温度的控制方程：

$$C_c \frac{\partial T_c}{\partial t} = \sigma_c R_{nc} - H_c - LE_c \tag{6.1}$$

$$d_{sn}\left(\rho c\right)_{sn} \frac{\partial T_{sn}}{\partial t} = R_{nsn} - L_f S_{mg} + \frac{2\lambda}{d_1 + d_{sn}}\left(T_1 - T_{sn}\right) \tag{6.2}$$

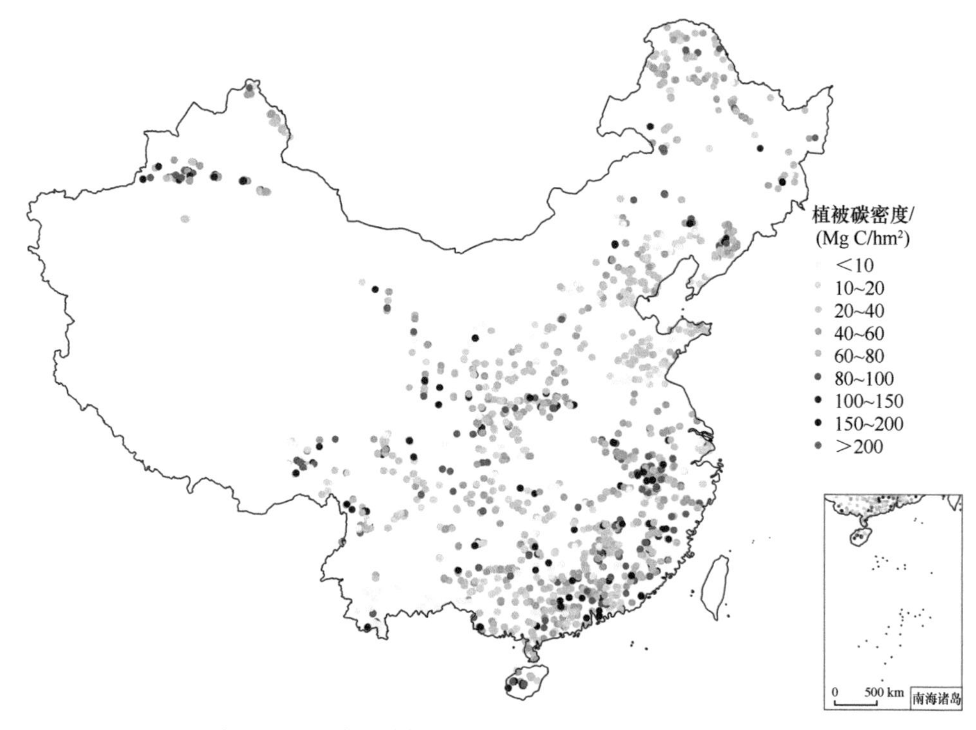

图 6.2　用于生成林龄-生物量方程的森林样地的空间分布

此调查不包括台湾省

表 6.1　中国森林林龄-生物量方程

编号	优势树种（组）	方程	r^2	P	样点数
1	红松	y=221.2197/［1+27.1932×exp（−0.1156x）］	0.9201	<0.001	21
2	冷杉	y=209.5947×［1−exp（−0.0143x）］	0.7177	<0.001	24
3	云杉	y=396.9727×［1−exp（−0.0060x）］	0.8341	<0.001	248
4	铁杉	y=203.06/［1+4.8039×exp（−0.0201x）］	0.9630		
5	柏木	y=214.3669×［1−exp（−0.0150x）］	0.5144	<0.001	116
6	落叶松	y=131.5287×［1−exp（−0.0330x）］	0.7517	<0.001	198
7	樟子松	y=129.8733/［1+738.7535×exp（−0.1841x）］	0.8824	<0.001	41
8	赤松	y=49.14/［1+2.3436×exp（−0.0985x）］	0.6650		
9	黑松	y=80.3069/［1+14.5894×exp（−0.18x）］	0.7693	<0.010	23
10	油松	y=106.5817/［1+65.2834×exp（−0.18x）］	0.9358	<0.001	208
11	华山松	y=118.9491×［1−exp（−0.0448x）］	0.9073	<0.001	13
12	马尾松	y=273.1726×［1−exp（−0.0208x）］	0.9460	<0.001	559
13	云南松	y=147.88/［1+5.3342×exp（−0.0736x）］	0.7310		
14	思茅松	y=95.71/［1+2.0674×exp（−0.0878x）］	0.8320		

续表

编号	优势树种（组）	方程	r^2	P	样点数
15	高山松	y=408.0696/［1+22.8692×exp（−0.1235x）］	0.9172	<0.001	9
16	杉木	y=228.4472×［1−exp（−0.0436x）］	0.9819	<0.001	627
17	樟树	y=195.6586/［1+29.081×exp（−0.2017x）］	0.9730	<0.001	28
18	楠木	y=167.6151/［1+23.1429×exp（−0.2121x）］	0.9521	<0.001	12
19	栎类	y=117.0554×［1−exp（−0.0394x）］	0.8348	<0.001	203
20	桦木	y=110.6981×［1−exp（−0.0395x）］	0.8011	<0.001	61
21	硬阔类	y=320.1067×［1−exp（−0.0106x）］	0.8618	<0.001	223
22	椴树类	y=266.71/［1+7.8232×exp（−0.0586x）］	0.9570		
23	桉树	y=377.8447×［1−exp（−0.0399x）］	0.9545	<0.001	124
24	杨树	y=80.7104/［1+28.0613×exp（−0.4669x）］	0.9482	<0.001	270
25	桐类	y=194.3060/［1+17.6398×exp（−0.0755x）］	0.9937	<0.001	5
26	软阔类	y=120.8642/［1+28.2886×exp（−0.1661x）］	0.8303	<0.001	40
27	针叶混	y=215.8278×［1−exp（−0.0262x）］	0.8136	<0.001	120
28	东北针阔叶混交林	y=256.9785/［1+11.8998×exp（−0.0292x）］	0.8490	<0.001	54
29	东南针阔叶混交林	y=747.0699/［1+12.5065×exp（−0.0321x）］	0.9406	<0.001	268
30	西北针阔叶混交林	y=215.5257/［1+10.0404×exp（−0.0411x）］	0.9323	<0.001	17
31	西南针阔叶混交林	y=249.9467/［1+14.5800×exp（−0.0296x）］	0.9019	<0.001	22
32	东北阔叶林	y=205.5919×［1−exp（−0.0208x）］	0.9112	<0.001	106
33	东南阔叶林	y=448.0037×［1−exp（−0.0127x）］	0.8896	<0.001	302
34	西北阔叶林	y=217.9374×［1−exp（−0.0133x）］	0.8450	<0.001	35
35	西南阔叶林	y=337.2582×［1−exp（−0.0207x）］	0.9110	<0.001	94

注：东北包括黑龙江、吉林、辽宁、内蒙古、河北、河南、山东、山西、北京、天津；东南包括江苏、安徽、浙江、上海、福建、广东、广西、湖南、湖北、江西、海南；西北包括陕西、甘肃、宁夏、青海、新疆；西南包括四川、重庆、贵州、云南、西藏；4 铁杉、8 赤松、13 云南松、14 思茅松、22 椴树类由于缺少数据或者是已有数据不能生成达到信度的方程而采用文献里的方程（徐冰等，2010）

$$d_1(\rho c)_1 \frac{\partial T_1}{\partial t} = R_{\text{ng}} - H_{\text{g}} - \text{LE}_{\text{g}} + \frac{2\lambda_{12}(T_2 - T_1)}{d_1 + d_2} \tag{6.3}$$

$$d_2(\rho c)_2 \frac{\partial T_2}{\partial t} = \frac{2\lambda_{12}(T_1 - T_2)}{d_1 + d_2} + \frac{2\lambda_{23}(T_3 - T_2)}{d_2 + d_3} \tag{6.4}$$

式中，T_c、T_{sn}、T_1、T_2、T_3 分别是冠层、雪盖与第一、第二和第三层土壤的温度（K）；C_c、$(\rho c)_{sn}$、$(\rho c)_1$、$(\rho c)_2$ 分别是冠层、雪盖和上、下层土壤的热容量［J/（m^3·K）］；

d_{sn} 是雪盖厚度（m）；d_1、d_2、d_3 分别是各土壤层厚度（m）；σ_c 是冠层覆盖度；λ_{12}、λ_{23} 分别是各土壤层热传导率；R_{nc}、H_c、LE_c 分别为冠层的净辐射通量（W/m^2）、感热通量（W/m^2）和潜热通量（W/m^2）；R_{ng}、H_g、LE_g 分别为土壤的净辐射通量（W/m^2）、感热通量（W/m^2）和潜热通量（W/m^2）；R_{nsn} 是雪盖的净辐射通量（W/m^2）；L_f 为蒸发潜热（W/m^2）；S_{mg} 为雪的融化率；λ 为雪盖的热传导率。

冠层和土壤水分的控制方程如下：

$$\frac{\partial M_c}{\partial t} = \sigma_c P - \frac{E_w}{\rho_w} - D_c \tag{6.5}$$

$$\frac{dw_1}{dt} = \frac{1}{\theta_s d_1}\left[P_g - \frac{1}{\rho_w}(E_g + E_{tr1})\right] + \frac{2D_{1,2}(w_2 - w_1)}{d_1(d_1 + d_2)} - \frac{k_{ws}}{\theta_s d_1} \cdot w_{12}^{2b+3} \tag{6.6}$$

$$\frac{dw_2}{dt} = -\frac{E_{tr2}}{\theta_s d_2 \rho_w} - \frac{2D_{1,2}(w_2 - w_1)}{d_2(d_1 + d_2)} + \frac{2D_{2,3}(w_3 - w_2)}{d_2(d_2 + d_3)} + \frac{k_{ws}}{\theta_s d_2} \cdot w_{12}^{2b+3} - \frac{k_{ws}}{\theta_s d_2} \cdot w_{23}^{2b+3} \tag{6.7}$$

$$\frac{dw_n}{dt} = -\frac{2D_{n-1,n}(w_n - w_{n-1})}{d_n(d_{n-1} + d_n)} + \frac{2D_{n,n+1}(w_{n+1} - w_n)}{d_n(d_n + d_{n+1})} + \frac{k_{ws}}{\theta_s d_n} \cdot w_{n-1,n}^{2b+3} - \frac{k_{ws}}{\theta_s d_n} \cdot w_{n,n+1}^{2b+3} \tag{6.8}$$

式中，M_c 是冠层储存水分；w_1、w_2、w_3、…、w_n 分别是各土壤层相对湿度；P 是降水量；D_c 是冠层排水率；$D_{1,2}$、$D_{2,3}$、…、$D_{n-1,n}$ 分别是各土壤层水分扩散率；θ_s 是土壤孔隙度；E_w 是冠层湿部蒸发；E_g 是土壤蒸发；E_{tri} 是冠层蒸腾，$E_{tri}=d_i/(d_1+d_2)$（i=1，2）；$w_{n,\ n+1}$ 是各相邻土壤层界面上的土壤相对湿度，$w_{n,\ n+1}=(d_n\ w_n+d_n+w_{n+1})/(d_n+d_{n+1})$（$n$=1，…，10）；$\sigma_c$ 是冠层对降水的截留率；ρ_w 是水的密度；K_{ws} 是土壤水分传导率；P_g 是降水量与冠层对降水量的截留之差；b 是土壤湿度指数。

3. 土壤有机碳分解和转换模块

土壤有机碳分解和转换模块是在 CEVSA（Cao and Woodword，1998）和 CENTURY（Parton et al.，1987）模型土壤碳动力学模块的基础上发展起来的。

该模块将土壤碳分为 8 个库，即土壤表面结构库、地下结构库、活性库、土壤表面微生物库、土壤表面代谢库、地下微生物库、慢分解库、惰性库。土壤活性库和土壤表面微生物库包括土壤中的有机碳、微生物和其产物，其周转周期为 1～5 年；慢分解库是土壤中较难分解的有机碳，其周转周期为 20～40 年；惰性库是土壤中最难分解的有机碳，其周转周期最长，为 200～1500 年；植被凋落物进入结构和代谢库，结构库的周转周期为 1～5 年，代谢库的物质在进入其他土壤库之前的周转周期为 0.1～1 年。

凋落物进入结构库和代谢库的分配比例由木质素与氮的比例决定（Parton et al.，1987）：

$$F_M = 0.85 - 0.018\text{L/N} \tag{6.9}$$

$$F_S = 1 - F_M \tag{6.10}$$

式中，F_M是进入代谢库的部分；L/N 是木质素与氮的比例，F_S是进入结构库的部分。

每个库的土壤有机质分解与转化遵循一阶速率反应（first-order rate reaction）原则，由式（6.11）计算：

$$\frac{dQ_i}{dt} = K_i f(T) f(P) Q_i \tag{6.11}$$

式中，Q_i是各库的碳储量，$i = 1, \cdots, 8$；K_i是各库的最大分解速率；$f(T)$和$f(P)$分别是土壤温度和湿度对分解的影响函数。同时有机碳的分解与土壤质地、土壤有效氮及凋落物木质素与氮的比值有关。

土壤异养呼吸导致的碳释放是土壤微生物分解过程中产生的所有气态碳（如CO_2、CO、CH_4）损失的和：

$$\text{HR} = \sum Q_i k_i (1 - \varepsilon) \tag{6.12}$$

式中，k_i 是各库的分解速率；ε是微生物同化效率，即被分解的有机碳转化为微生物组织的部分。

模块中亦考虑了氮的有效性对土壤有机碳分解的限制，微生物利用潜在的碳和氮的有效性（C_a、N_a）由式（6.13）估算：

$$C_a = \sum_i Q_i K_{pi} \tag{6.13}$$

$$N_a = \sum_i Q_i K_{pi} \text{N/C} \tag{6.14}$$

式中，K_{pi}为潜在衰变率；N/C 为氮与碳的比例。氮的潜在需要和提供量之间的平衡用β表示：

$$\beta = N_a + N_{av} - \varepsilon C_a \text{N/C} \tag{6.15}$$

式中，N_{av}代表已在土壤中存在的矿化氮，如果$\beta > 0$，系统受氮限制。

CFCM 中生物量计算模块所产生的叶和茎的凋落物生物量直接按比例进入土壤表面结构库和代谢库，而根的凋落物生物量则按比例进入地下结构库和代谢库。CFCM 物理过程模块输出的土壤温湿度直接影响土壤各库之间碳的分解和转换。物理过程模块在垂直方向将土壤分为 4 层，第一层为 0～0.1 m，第 2 层为 0.1～0.9 m，第 3 层为 0.9～1 m，以下为第 4 层。上 3 层对应温度日变化和季节变化的影响深度，最下层保持气温平均值。因此第一层土壤的温度和湿度影响土壤表面结构库、代谢库和微生物库碳的转换和分解。第二、三层土壤的温度和湿度则影响地下代谢库、结构库、活性库及慢分解库和惰性库。

4. 不同森林类型的模型参数

叶、茎、根和凋落物生物量占总生物量的比例是土壤有机碳分解和转换模块的重要参数，这些参数通过对森林样地的观测数据统计得到（表 6.2）。

表 6.2　叶、茎、根和凋落物生物量占总生物量的比例

编号	森林类型	叶	茎	根	凋落物
1	红松	0.051	0.657	0.210	0.083
2	冷杉	0.068	0.703	0.195	0.033
3	云杉	0.145	0.580	0.230	0.045
4	铁杉	0.145	0.580	0.230	0.045
5	柏木	0.145	0.587	0.188	0.080
6	落叶松	0.066	0.664	0.205	0.065
7	樟子松	0.107	0.698	0.162	0.033
8	赤松	0.130	0.636	0.180	0.054
9	黑松	0.131	0.649	0.182	0.038
10	油松	0.092	0.619	0.170	0.119
11	华山松	0.075	0.663	0.183	0.079
12	马尾松	0.083	0.711	0.132	0.074
13	云南松	0.493	0.321	0.115	0.071
14	思茅松	0.083	0.711	0.132	0.074
15	高山松	0.072	0.692	0.188	0.049
16	杉木	0.086	0.676	0.181	0.057
17	樟树	0.062	0.664	0.216	0.058
18	楠木	0.060	0.551	0.166	0.224
19	栎类	0.053	0.654	0.196	0.097
20	桦木	0.136	0.578	0.196	0.090
21	硬阔类	0.052	0.692	0.188	0.069
22	椴树类	0.056	0.622	0.202	0.120
23	桉树	0.045	0.738	0.091	0.125
24	杨树	0.060	0.683	0.204	0.054
25	桐类	0.056	0.655	0.260	0.028
26	软阔类	0.109	0.671	0.145	0.075
27	针叶林	0.089	0.674	0.180	0.057

续表

编号	森林类型	叶	茎	根	凋落物
28	东北针阔叶混交林	0.054	0.688	0.202	0.056
29	东南针阔叶混交林	0.049	0.717	0.180	0.055
30	西北针阔叶混交林	0.170	0.586	0.178	0.066
31	西南针阔叶混交林	0.085	0.535	0.316	0.064
32	东北阔叶林	0.038	0.719	0.199	0.045
33	东南阔叶林	0.042	0.734	0.176	0.048
34	西北阔叶林	0.139	0.666	0.152	0.043
35	西南阔叶林	0.081	0.521	0.314	0.084

6.1.1.2 模型模拟和验证

1. 土壤和植被碳密度的验证

本研究在样地数据里面挑选了同时记录了森林土壤和植被碳密度的观测数据作为模型的验证数据，共有1700个数据，均匀分布于中国各林区，涵盖主要森林类型（图6.3）。

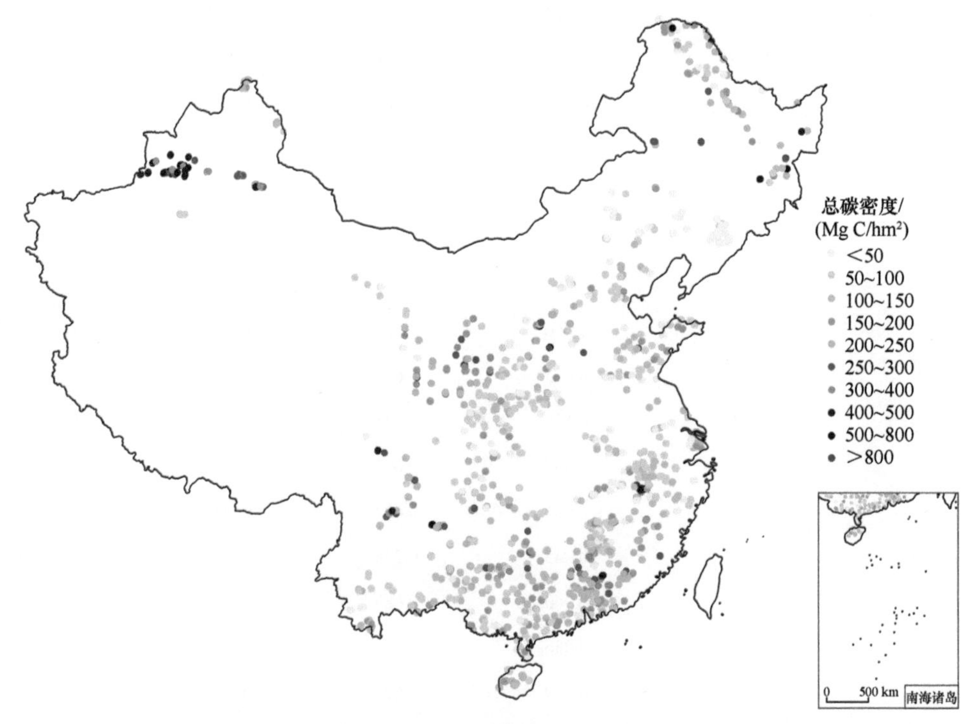

图6.3 用于样地尺度森林土壤和植被碳密度验证的样地的空间分布

此调查不包括台湾省

图 6.4 为样地尺度模拟与观测碳密度的比较，由此看到样地尺度观测与模拟的植被碳密度的相关系数的平方达到 0.55，P 值小于 0.001，对土壤碳密度的模拟 r^2 达到 0.33，P 值小于 0.001，对森林生态系统碳密度的模拟 r^2 达到 0.44，P 值小于 0.001。总的来看，模型模拟的森林植被和土壤碳密度具有一定的可信度。

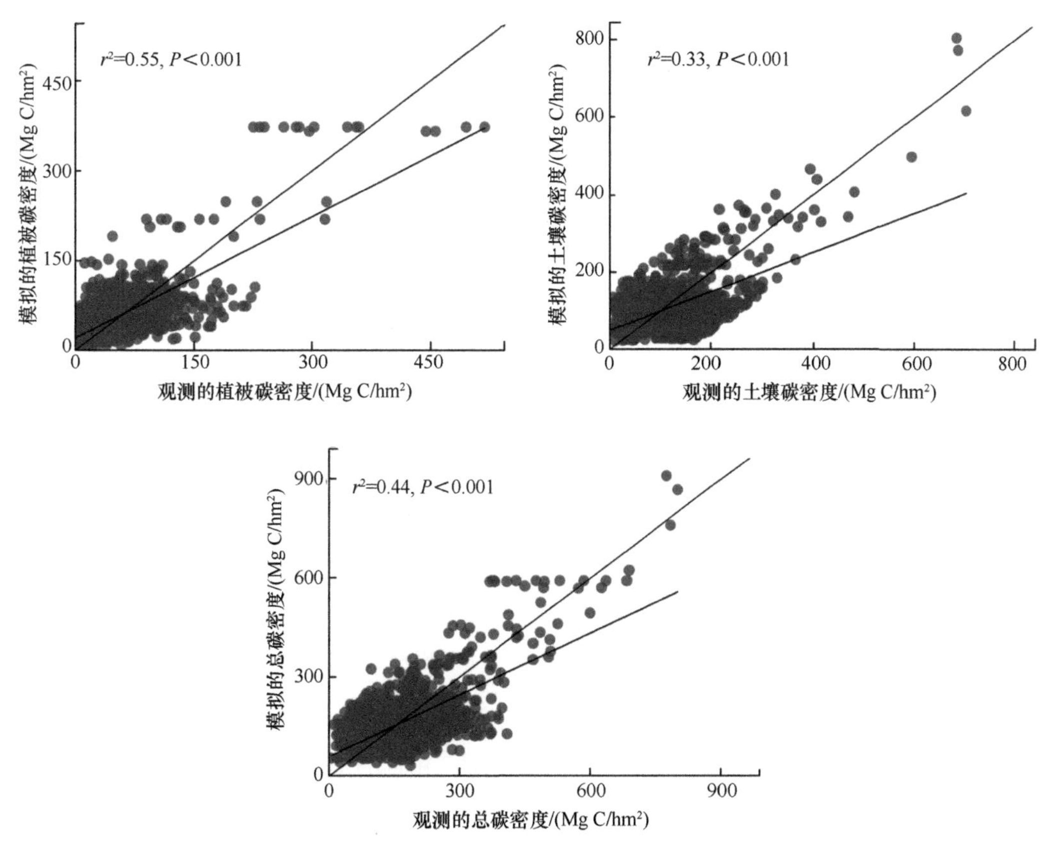

图 6.4　样地尺度模拟与观测碳密度的比较

如果按森林类型平均，则可以看到模拟与观测的森林植被和土壤碳密度有更高的相关性（图 6.5）。观测与模拟的不同森林类型的平均植被碳密度的 r^2 达到 0.88，P 值小于 0.001，对不同森林类型平均土壤碳密度的模拟 r^2 更高，达 0.91，P 值小于 0.001，而对不同森林生态系统类型总碳密度的模拟 r^2 更高达 0.94，P 值小于 0.001。说明模型对区域尺度森林生态系统碳密度的模拟具有较高的可信度。

2. 土壤和植被固碳速率的验证

千烟洲生态试验站位于江西省泰和县，属亚热带季风气候区。试验站的人工针叶林（马尾松、湿地松和杉树）自 1983 年种植以来，受人为干扰少，都没有施肥和灌溉

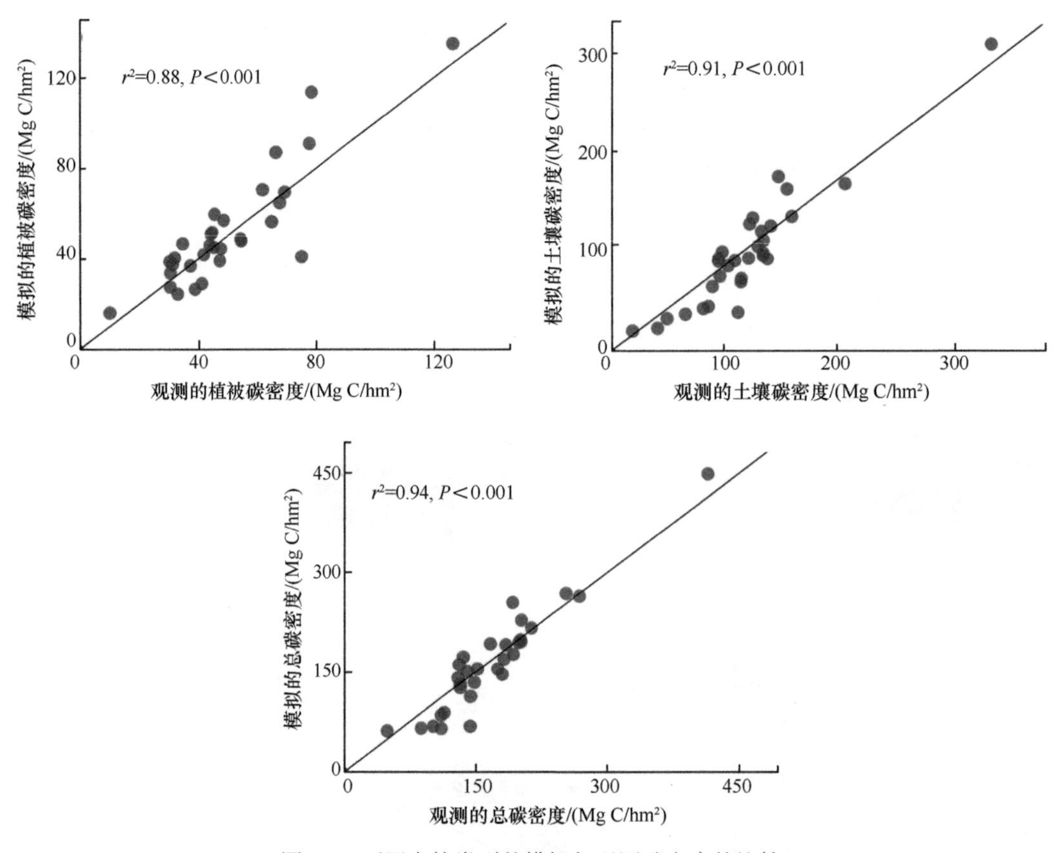

图 6.5 不同森林类型的模拟与观测碳密度的比较

（李忠佩和王效举，2000）。CMCF 模拟的千烟洲马尾松和湿地松林的植被和土壤碳密度随时间的变化与观测到的比较，如图 6.6 所示，由此看到模拟的植被和土壤碳密度与观测数据基本一致，特别是土壤碳密度在种植的前 7 年是下降的，以后开始上升。这一研究结论与大气植被相互作用模型（AVIM2）对千烟洲以上树种模拟得出的结论是一致的（Huang et al.，2007），虽然 AVIM2 对土壤碳库的模拟是在日尺度上的，本模型为年尺度，但二者的一致说明新开发的 CFCM 虽然时间尺度较粗，但是也能较好地模拟土壤碳库的变化特征，因此该模型对植被和土壤固碳速率的模拟具有较高的可信度。

对于造林后土壤碳储量的变化，普遍认为造林后土壤碳储量的变化与该区域原来的土地利用状况、土壤类型、气候状况、种植的树种及树龄有关。多数研究认为造林后土壤碳储量通常是最初下降，然后才开始积累（Paul et al.，2002；Turner and Lambert，2000；Grigal and Berguson，1998），这点与本研究模拟的结果一致。Guo 和 Gifford（2002）在总结了全球 83 例于草地上种植人工林并进行观测的结果后认为，在年降水量小于 1200 mm 的地区种植人工林对土壤碳储量的影响不大，但在降水量相对较高的地区，特别是年降水量大于 1500 mm 的地区，土壤碳储量将减少 23%左右。千烟洲地区的年平均降水量为 1404 mm，在种植前 7 年土壤碳储量减少了约 16%，这一结果与全球平均水平相差不大，因此我们认为对土壤碳储量变化过程的模拟是基本合理的。

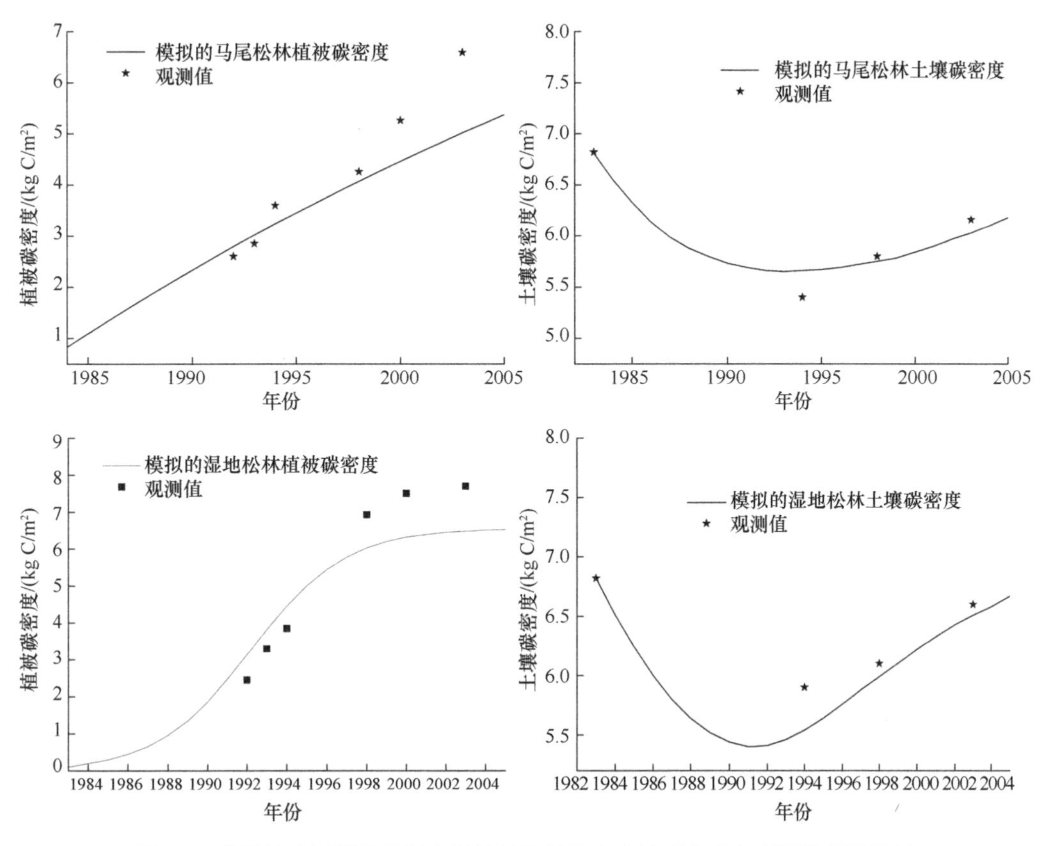

图 6.6　模拟的千烟洲马尾松和湿地松林植被和土壤碳密度与观测数据的比较

6.1.2　模拟的土壤和植被碳密度

2010 年的植被碳储量为 8.12 Pg C，土壤碳储量为 31.8 Pg C。国家林业局第八次森林资源清查（2009～2013 年）的植被碳储量是 8.4 Pg C。本研究只包括森林中乔木林，不包括森林资源清查中所列的竹林、灌木林和其他林种。

中国森林植被平均碳密度在 17.3～137.4 Mg C/hm^2 变化，平均植被碳密度为 52.8 Mg C/hm^2（表 6.3 和图 6.7）。不同森林类型植被平均碳密度从高到低分别为：东南针阔叶混交林（137.4 Mg C/hm^2）、桉树（126.3 Mg C/hm^2）、西南阔叶林（106.5 Mg C/hm^2）、高山松（104.2 Mg C/hm^2）、软阔类（91.7 Mg C/hm^2）、樟树（73.4 Mg C/hm^2）、杉木（70.9 Mg C/hm^2）、楠木（67.5 Mg C/hm^2）、东南阔叶林（63.3 Mg C/hm^2）、针叶林（55.8 Mg C/hm^2）、云杉（55.0 Mg C/hm^2）、椴树类（54.4 Mg C/hm^2）、马尾松（51.5 Mg C/hm^2）、冷杉（51.4 Mg C/hm^2）、

云南松（48.0 Mg C/hm^2）、落叶松（46.9 Mg C/hm^2）、东北阔叶林（46.4 Mg C/hm^2）、铁杉（45.6 Mg C/hm^2）、思茅松（40.6 Mg C/hm^2）、硬阔类（38.1 Mg C/hm^2）、樟子松（37.7 Mg C/hm^2）、桦木（36.3 Mg C/hm^2）、栎类（36.0 Mg C/hm^2）、红松（35.9 Mg C/hm^2）、杨树（35.8 Mg C/hm^2）、东北针阔叶混交林（34.9 Mg C/hm^2）、桐类（33.3 Mg C/hm^2）、柏木（32.8 Mg C/hm^2）、油松（32.0 Mg C/hm^2）、西北阔叶林（30.8 Mg C/hm^2）、华山松（30.3 Mg C/hm^2）、西北针阔叶混交林（29.1 Mg C/hm^2）、黑松（25.8 Mg C/hm^2）、西南针阔叶混交林（24.7 Mg C/hm^2）、赤松（17.3 Mg C/hm^2）。

表 6.3　2010 年中国主要森林类型的面积、碳总量和平均碳密度

森林类型	面积/10^2 km^2	碳总量/Tg C			平均碳密度/（Mg C/hm^2）		
		植被	土壤	生态系统	植被	土壤	生态系统
落叶松	1 262.42	592.30	6 323.8	6 916.1	46.9	500.9	547.8
栎类	2 635.89	948.29	4 523.9	5 472.2	36.0	171.6	207.6
马尾松	3 566.72	1 838.05	2 406.3	4 244.4	51.5	67.5	119.0
桦木	772.59	280.38	3 294.6	3 575.0	36.3	426.4	462.7
云杉	746.63	410.32	3 009.3	3 419.6	55.0	403.0	458.0
冷杉	584.42	300.53	2 458.5	2 759.0	51.4	420.7	472.1
西南阔叶林	686.29	730.58	1 867.5	2 598.1	106.5	272.1	378.6
杉木	808.38	573.25	1 338.4	1 911.7	70.9	165.6	236.5
硬阔类	917.52	349.59	1 277.0	1 626.6	38.1	139.2	177.3
东南阔叶林	614.89	388.95	540.2	929.2	63.3	87.9	151.1
杨树	395.29	141.60	727.4	869.0	35.8	184.0	219.8
东北阔叶林	366.05	169.80	624.3	794.1	46.4	170.6	216.9
东北针阔叶混交林	232.34	81.04	647.7	728.7	34.9	278.8	313.6
针叶林	509.64	284.52	413.9	698.4	55.8	81.2	137.0
油松	281.83	90.27	417.7	508.0	32.0	148.2	180.2
高山松	134.75	140.39	341.5	481.9	104.2	253.5	357.6
椴树类	471.28	256.14	173.0	429.1	54.4	36.7	91.0
柏木	183.07	60.10	368.5	428.6	32.8	201.3	234.1
铁杉	171.64	78.20	204.9	283.1	45.6	119.4	164.9
软阔类	140.40	128.79	136.3	265.1	91.7	97.1	188.8
西南针阔叶混交林	327.89	80.93	153.9	234.8	24.7	47.0	71.6
樟子松	30.45	11.48	141.9	153.4	37.7	466.2	503.9
东南针阔叶混交林	33.01	45.35	67.5	112.8	137.4	204.5	341.9

续表

森林类型	面积 /10^2 km^2	碳总量/Tg C			平均碳密度/（Mg C/hm^2）		
		植被	土壤	生态系统	植被	土壤	生态系统
云南松	53.87	25.84	65.1	90.9	48.0	120.8	168.8
思茅松	105.96	43.00	44.0	87.0	40.6	41.5	82.1
西北针阔叶混交林	50.41	14.67	41.2	55.9	29.1	81.8	110.9
桐类	41.31	13.77	39.6	53.4	33.3	95.8	129.2
西北阔叶林	47.00	14.46	38.8	53.3	30.8	82.5	113.2
赤松	73.81	12.78	39.0	51.8	17.3	52.9	70.2
黑松	21.09	5.44	10.2	15.6	25.8	48.2	74.0
楠木	5.48	3.70	8.6	12.3	67.5	156.5	224.0
华山松	7.24	2.19	9.5	11.7	30.3	131.0	161.3
红松	5.06	1.82	2.3	4.1	35.9	45.5	81.4
桉树	1.10	1.39	1.3	2.7	126.3	119.3	245.5
樟树	0.05	0.04	0.1	0.1	73.4	142.1	215.6
平均	465.3	232	907.4	1 139.4	52.8	173.2	226.0
合计	16 286	8 119	31 757	39 877			

中国森林土壤平均碳密度在 36.7～500.9 Mg C/hm^2 变化，平均土壤碳密度为 173.2 Mg C/hm^2（表 6.3 和图 6.7）。不同森林类型平均土壤碳密度从高到低的排列分别为：落叶松（500.9 Mg C/hm^2）、樟子松（466.2 Mg C/hm^2）、桦木（426.4 Mg C/hm^2）、冷杉（420.7 Mg C/hm^2）、云杉（403.0 Mg C/hm^2）、东北针阔叶混交林（278.8 Mg C/hm^2）、西南阔叶林（272.1 Mg C/hm^2）、高山松（253.5 Mg C/hm^2）、东南针阔叶混交林（204.5 Mg C/hm^2）、柏木（201.3 Mg C/hm^2）、杨树（184.0 Mg C/hm^2）、栎类（171.6 Mg C/hm^2）、东北阔叶林（170.6 Mg C/hm^2）、杉木（165.6 Mg C/hm^2）、楠木（156.5 Mg C/hm^2）、油松（148.2 Mg C/hm^2）、樟树（142.1 Mg C/hm^2）、硬阔类（139.2 Mg C/hm^2）、华山松（131.0 Mg C/hm^2）、云南松（120.8 Mg C/hm^2）、铁杉（119.4 Mg C/hm^2）、桉树（119.3 Mg C/hm^2）、软阔类（97.1 Mg C/hm^2）、桐类（95.8 Mg C/hm^2）、东南阔叶林（87.9 Mg C/hm^2）、西北阔叶林（82.5 Mg C/hm^2）、西北针阔叶混交林（81.8 Mg C/hm^2）、针叶林（81.2 Mg C/hm^2）、马尾松（67.5 Mg C/hm^2）、赤松（52.9 Mg C/hm^2）、黑松（48.2 Mg C/hm^2）、西南针阔叶混交林（47.0 Mg C/hm^2）、红松（45.5 Mg C/hm^2）、思茅松（41.5 Mg C/hm^2）、椴树类（36.7 Mg C/hm^2）。

中国森林总碳密度在 70.2～547.8 Mg C/hm^2 变化，平均总碳密度为 226.0 Mg C/hm^2（表 6.3）。不同森林类型平均总碳密度从高到低的排列分别为：落叶松（547.8 Mg C/hm^2）、樟子松（503.9 Mg C/hm^2）、冷杉（472.1 Mg C/hm^2）、桦木（462.7 Mg C/hm^2）、云杉

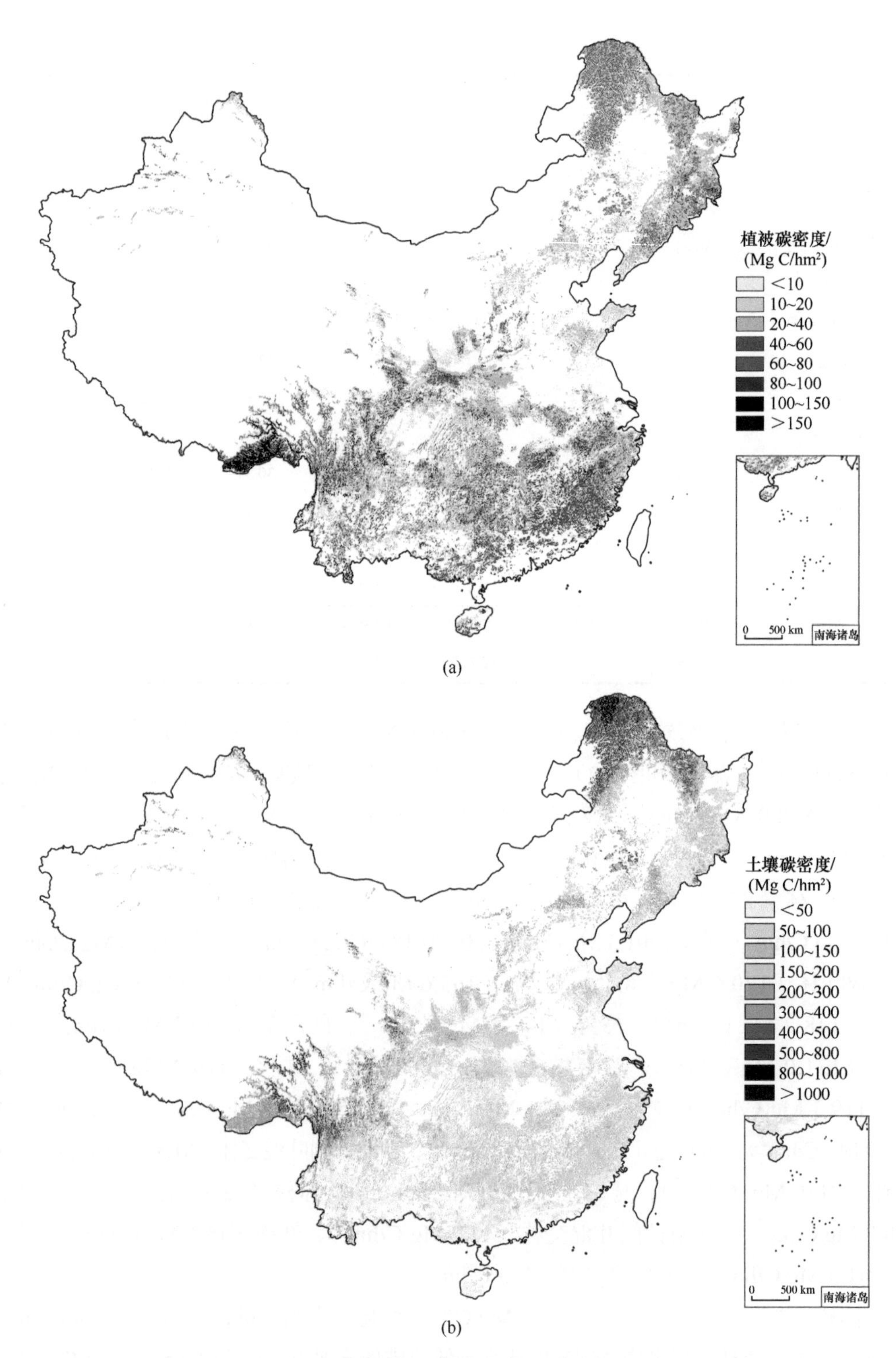

图 6.7 2010 年中国森林植被碳密度(a)和土壤碳密度(b)空间分布

此调查不包括台湾省

（458.0 Mg C/hm^2）、西南阔叶林（378.6 Mg C/hm^2）、高山松（357.6 Mg C/hm^2）、东南针阔叶混交林（341.9 Mg C/hm^2）、东北针阔叶混交林（313.6 Mg C/hm^2）、桉树（245.5 Mg C/hm^2）、杉木（236.5 Mg C/hm^2）、柏木（234.1 Mg C/hm^2）、楠木（224.0 Mg C/hm^2）、杨树（219.8 Mg C/hm^2）、东北阔叶林（216.9 Mg C/hm^2）、樟树（215.6 Mg C/hm^2）、栎类（207.6 Mg C/hm^2）、软阔类（188.8 Mg C/hm^2）、油松（180.2 Mg C/hm^2）、硬阔类（177.3 Mg C/hm^2）、云南松（168.8 Mg C/hm^2）、铁杉（164.9 Mg C/hm^2）、华山松（161.3 Mg C/hm^2）、东南阔叶林（151.1 Mg C/hm^2）、针叶林（137.0 Mg C/hm^2）、桐类（129.2 Mg C/hm^2）、马尾松（119.0 Mg C/hm^2）、西北阔叶林（113.2 Mg C/hm^2）、西北针阔叶混交林（110.9 Mg C/hm^2）、椴树类（91.0 Mg C/hm^2）、思茅松（82.1 Mg C/hm^2）、红松（81.4 Mg C/hm^2）、黑松（74.0 Mg C/hm^2）、西南针阔叶混交林（71.6 Mg C/hm^2）、赤松（70.2 Mg C/hm^2）。

6.1.3　模拟的土壤和植被固碳速率

图 6.8 为 2010 年中国森林植被固碳速率、土壤固碳速率和总固碳速率（植被与土壤固碳速率之和）的空间分布，由此看到森林植被高固碳速率区主要位于南方亚热带常绿

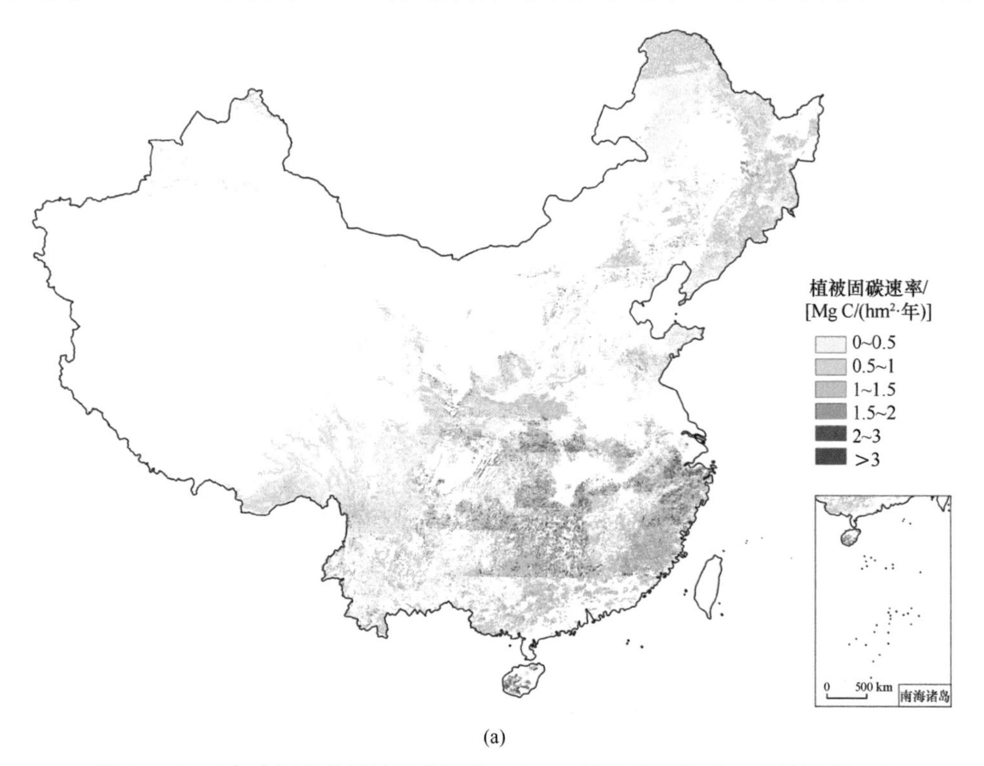

(a)

图 6.8　2010 年中国森林植被固碳速率（a）、土壤固碳速率（b）和总固碳速率（植被与土壤固碳速率之和）（c）的空间分布

此调查不包括台湾省

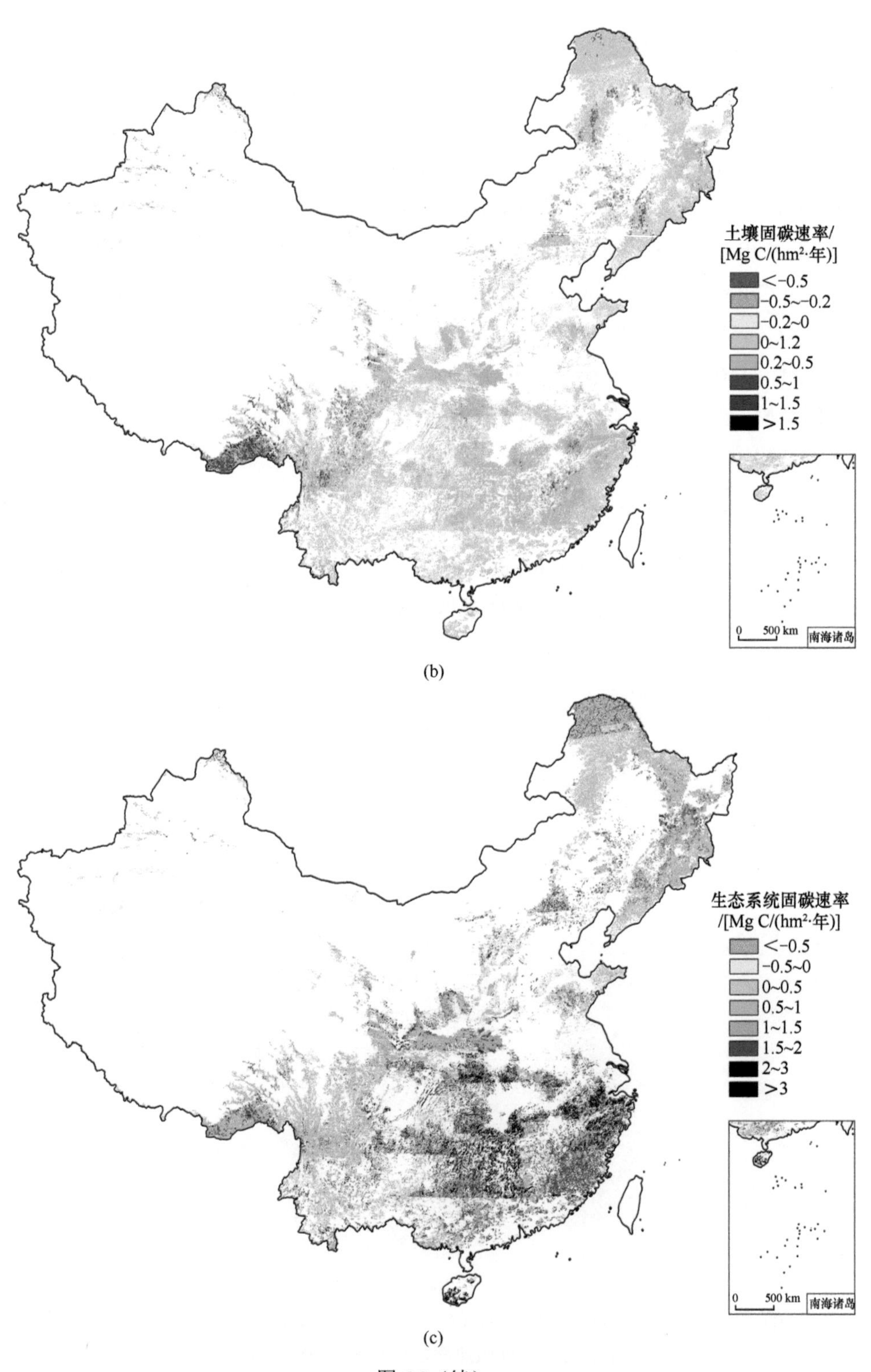
土壤固碳速率/
[Mg C/(hm²·年)]
<−0.5
−0.5~−0.2
−0.2~0
0~1.2
0.2~0.5
0.5~1
1~1.5
>1.5
0
500 km
南海诸岛
(b)
生态系统固碳速率
/[Mg C/(hm²·年)]
<−0.5
−0.5~0
0~0.5
0.5~1
1~1.5
1.5~2
2~3
>3
0
500 km
南海诸岛
(c)

图 6.8（续）

阔叶林区和热带季雨林、雨林区域。东北大兴安岭及青藏高原东南侧的高山森林区，由于森林林龄较大，植被固碳速率较低。

森林土壤固碳速率在全国主要为正值，大部分在 0～0.5 Mg C/（hm^2·年）。在东北某些地区，由于森林林龄较小，土壤固碳速率小于 0。在青藏高原东南侧的高山森林区，土壤固碳速率较高，部分达 1 Mg C/（hm^2·年）以上。

从森林植被和土壤的固碳速率之和来看，全国森林高固碳速率区主要位于南方亚热带常绿阔叶林区，森林总固碳速率在 2 Mg C/（hm^2·年）以上。东北的长白山及青藏高原东南侧的高山森林区总固碳速率相对较高，在 1.5 Mg C/（hm^2·年）左右。其余森林区域的总固碳速率在 1.5 Mg C/（hm^2·年）以下。

图 6.9 为 2002～2010 年中国森林植被固碳速率、土壤固碳速率和总固碳速率的变化。由此看到，中国森林植被固碳速率呈下降趋势，从 2002 年的 210 Tg C/年下降到 2010 年的 175 Tg C/年，这是由中国森林的林龄结构决定的。

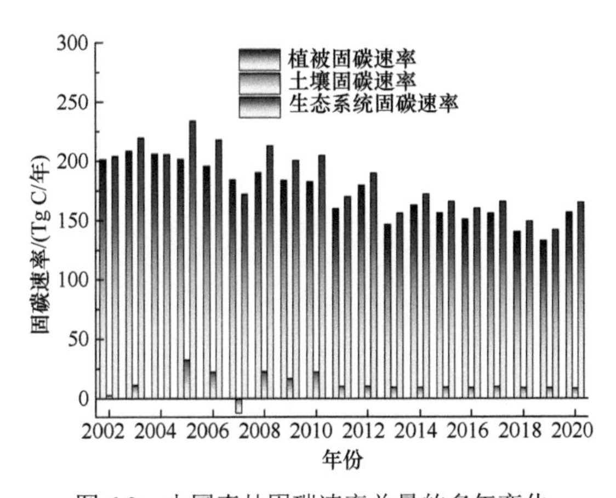

图 6.9　中国森林固碳速率总量的多年变化

中国森林土壤固碳速率在–10～32 Tg C/年变化。2007 年和 2004 年土壤固碳速率小于 0，分别为–10 Tg C/年和–0.1 Tg C/年，其余年份则大于 0。土壤固碳速率最高值出现在 2005 年。土壤固碳速率的变化与气候变化密切相关。

综合土壤和植被的固碳速率，中国森林总固碳速率在 2002～2010 年呈现波动变化，变化范围为 180～231 Tg C/年，最高值出现在 2005 年，最低值出现在 2007 年。

本研究测定新造林固碳速率的方法是比较了 2001 年和 2010 年的森林植被空间分布图以后，假定 2010 年增加的森林的林龄在 2001 年时为 1。这种假定跟实际情况会有些出入，由此可能会带来一定的误差。

6.2 中国森林生态系统固碳潜力

理论上，随着森林成长，其植被和土壤碳密度将会达到一个饱和状态，即存在碳密度上限或称为固碳潜力。大量研究表明，森林碳密度与林龄之间的存在显著的关系，确定森林生物量时林龄与其的关系是个关键的因素。因此，研究演替理论、植被和土壤与林龄的关系将为准确地评估区域尺度森林固碳潜力提供重要的理论依据和途径。此外，准确评估生态系统固碳潜力将帮助人们更深入地理解生态系统碳储量对自然和人为干扰的响应机制，并为我们制定陆地生态系统碳固持策略提供重要的参考。

假定森林生物量达到最大生物量的 95%时为成熟林，此时森林碳密度的增长速率非常低，森林植被和土壤碳密度将基本达到饱和状态（图 6.10）。在此基础上，将可以结合中国森林植被碳密度与林龄的 Logistic 生长方程，来确定森林植被碳储量的最大潜力和对应的林龄，公式如下：

$$B = \frac{w}{1 + k \cdot \exp(-a \cdot T)} \tag{6.16}$$

式中，B 是植被或土壤碳密度；T 是林龄；w、k 和 a 是参数。

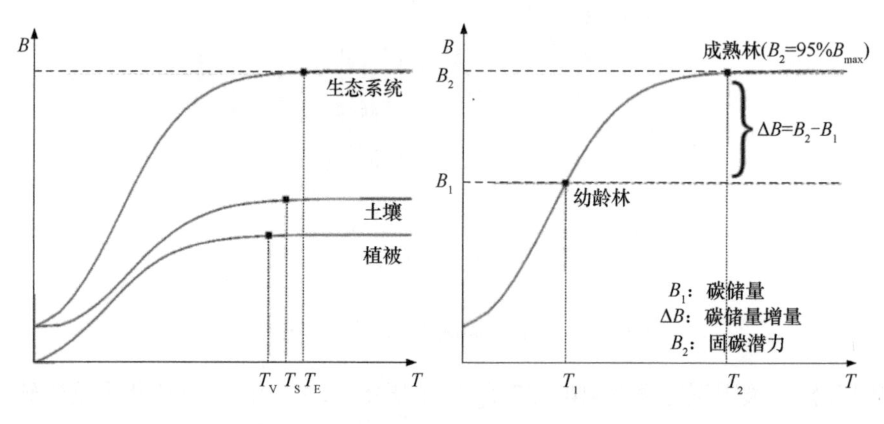

图 6.10 中国森林生态系统演替理论

对于植被来讲，依据 Xu 等 2010 年报道的中国 36 种主要优势物种的生物量累积方程，在 95%的最大植被碳密度条件下可以反推出相应的 36 种优势物种的植被碳密度达到饱和状态时的林龄，平均林龄约为 74.6 年。此外，结合全球的土壤碳密度数据库，反推出森林土壤碳储量达到 95%水平时的平均林龄约为 76 年。因此，定义植被平均达到成熟的林龄标准约为 80 年，即中国森林植被固碳潜力林龄标准。

调查结果表明，近 90%的森林林龄小于 60 年，平均碳密度为 60 Mg C/hm^2（图 5.7），明显低于成熟森林（平均碳密度为 104.7±30.3 Mg C/hm^2）及全球森林植被平均碳密度（94.2 Mg C/hm^2）。毫无疑问，大面积的中幼龄森林是一个潜在的碳汇。

同时，在没有大的扰动的前提下，土壤有机碳密度也随着森林年龄的增加而增加。考虑到这一性质，在假定植被类型保持不变的前提下，利用全部样地的平均碳密度与前5%、10%、20%和25%样地的碳密度之差，估算出我国森林生态系统的碳汇潜力分别为21.4 Pg C、18.2 Pg C、14.0 Pg C 和 12.5 Pg C（表 6.4 和图 6.11）。不同的植被类型固碳

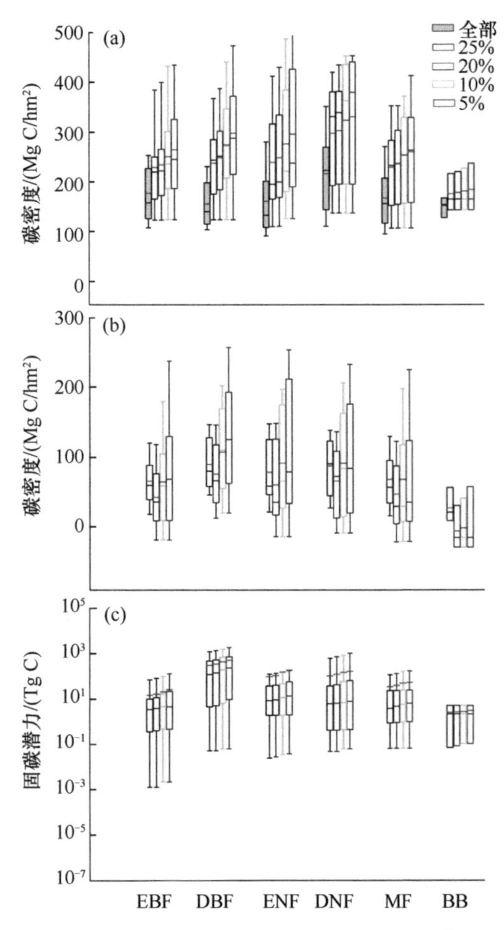

图 6.11　各植被类型调查样地平均碳密度、参考碳密度（Mg C/hm^2）和理论固碳潜力（Tg C）
（a）样地碳密度和参考碳密度；（b）样地碳密度与参考值之间的差值；（c）理论固碳潜力（对数转换值）
EBF. 常绿阔叶林；DBF. 落叶阔叶林；ENF. 常绿针叶林；DNF. 落叶针叶林；MF. 针阔叶混交林；BB. 竹林

潜力差异较大：落叶阔叶林的固碳潜力最大，约为常绿针叶林的 2 倍、落叶针叶林的 5 倍、针阔叶混交林的 10 倍、常绿阔叶林的 30 倍；竹林的固碳潜力最小。

需要指出的是，森林生态系统的固碳潜力也取决于未来的环境变化（如大气中 CO_2 浓度升高、氮沉降加剧、全球变暖）。最近的一项研究报告指出，环境的变化促进了树木的生长，由气候变化引起的寒温带和温带森林碳汇增长约为 1.2 Pg C/年。过去 30 年，由于降水增加和气候变暖，促进了植被的生长和碳的积累。氮沉降加剧导致了生

态系统净生产力的增加，在中国森林生态系统，每千克氮的效率为 45 kg C。即使是成熟的森林生态系统，在过去的几十年中也在积累碳。此外，我们对碳库大小的驱动力分析表明，全国范围内的植被恢复方式、生态恢复项目和自然保护政策也有利于将来持续增加碳汇。

表 6.4　中国森林生态系统碳密度及理论固碳潜力

植被类型	面积/10^6 hm^2	样地平均碳密度/（Mg C/hm^2）	参考碳密度/（Mg C/hm^2）				理论固碳潜力/Tg C			
			5%	10%	20%	25%	5%	10%	20%	25%
常绿阔叶林	33.98	177.7±14.6	265.0±23.2	251.0±20.8	235.5±19.2	230.0±18.6	402.2±7. 9	316.4±7.1	252.1±6.5	224.9±6.3
落叶阔叶林	57.61	155.8±10.0	298.8±24.3	275.0±20.0	249.1±17.6	238.6±16.8	11 940.0±14.0	10 308.6±11.5	8 033.7±10.1	7 241.9±9.7
常绿针叶林	72.59	161.6±12.9	296.4±25.7	277.3±23.2	249.6±20.6	240.2±19.6	5 664. 7±18.6	4 563.5±16.8	3 241.9±15.0	2 885.8±14.2
落叶针叶林	10.98	216.6±21.0	330.4±31.9	323.6±31.1	303.0±27.4	297.7±26.9	2 207.3±3.5	1 880.4±3.4	1 575.5±3.0	1 351.3±3.0
针阔叶混交林	8.95	167.7±13.0	261.1±23.1	254.5±21.7	237.6±19.1	229.9±18.2	1 172.8±2.1	1 076.7±1.9	868.2±1.7	772.6±1.6
竹林	4.09	152.7±10.3	184.5±15.7	181.7±14.2	178.2±12.4	176.4±11.5	21.6±0.6	19.4±0.6	18.5±0.5	18.0±0.5
总计	188.19						21 408.5±10.2	18 164.9±5.0	13 989. 9±8.0	12 494.4±7.6

参 考 文 献

曹军, 张镜铿, 刘燕华. 2002. 近 20 年海南岛森林生态系统碳储量变化. 地理研究, 21(5): 551-560.
陈灵芝, 任继凯, 鲍显诚, 等. 1984. 北京西山人工油松林群落学特征及生物量的研究. 植物生态学与地植物性丛刊, 8(3): 173-181.
陈泮勤, 王效科, 王礼茂, 等. 2008. 中国陆地生态系统碳收支与增汇对策. 北京: 科学出版社: 116-117.
董瑞琨, 许兆义, 杨成永. 2000. 青藏高原冻融侵蚀动力特征研究. 水土保持学报, 14: 12-16, 42.
段文霞, 朱波, 刘锐. 等. 2007. 人工柳杉林生物量及其土壤碳动态分析. 北京林业大学学报, 29(2): 55-59.
冯宗炜, 陈楚莹, 张家武, 等. 1982. 湖南会同地区马尾松林生物量的测定. 林业科学, (2): 127-134.
方精云. 2000. 中国森林生产力及其对全球气候变化的响应. 植物生态学报, 24(5): 513-517.
方精云, 刘国华, 徐嵩龄. 1996. 我国森林植被的生物量和净生产量. 生态学报, 16(5): 497-508.
方精云, 陈安平. 2001. 中国森林植被碳库的动态变化及其意义. 植物学报, 43(9): 967-970.
方精云, 陈安平, 赵淑清, 等. 2002. 中国森林生物量的估算: 对 Fang 等 Science 一文(Science, 2001, 291: 2320-2322)的若干说明. 植物生态学报, 26: 243-249.
方精云, 刘国华, 朱彪, 等. 2006. 北京东灵山三种温带森林生态系统的碳循环. 中国科学 D 辑: 地球科学, 36(6): 533-543.
方精云, 郭兆迪, 朴世龙, 等. 2007. 1981-2000 年中国陆地植被碳汇的估算. 中国科学 D 辑: 地球科学, 37: 804-812.
方精云, 王襄平, 沈泽昊, 等. 2009. 植物群落清查的主要内容、方法和技术规范. 生物多样性, 17(6): 533-548.
方精云, 于贵瑞, 傅伯杰, 等. 2011. 陆地生态系统固碳研究的野外调查与室内分析技术规范. 北京: 科学出版社.
方精云, 于贵瑞, 任小波, 等. 2015. 中国陆地生态系统固碳效应——中国科学院战略性先导科技专项“应对气候变化的碳收支认证及相关问题”之生态系统固碳任务群研究进展. 中国科学院院刊, 30: 848-855.
付素华, 段淑怀, 刘宝元. 2001. 密云石匣小流域土地利用对土壤粗化的影响. 地理研究, 20: 697-702.
顾峰雪, 曹明奎, 温学发, 等. 2006. 亚热带针叶林水碳通量的模拟及其与观测的对比研究. 中国科学 D 辑: 地球科学, 36(增刊 I): 224-233.
郭兆迪, 胡会峰, 李品, 等. 2013. 1977-2008 年中国森林生物量碳汇的时空变化. 中国科学: 生命科学, 43(5): 421-431.
贺金生. 2012. 中国森林生态系统的碳循环: 从储量、动态到模式. 中国科学: 生命科学, 42: 252-254.
侯振宏, 张小全, 徐德应, 等. 2009. 杉木人工林生物量和生产力研究. 中国农学通报, 25(5): 97-103.
黄从德. 2008. 四川森林生态系统碳储量及其空间分异特征. 雅安: 四川农业大学博士学位论文.
黄玫, 季劲钧, 曹明奎, 等. 2006. 中国区域植被地上与地下生物量模拟. 生态学报, 26(12): 4156-4163.
黄耀, 周广胜, 吴金水, 等. 2008. 中国陆地生态系统碳收支模型. 北京: 科学出版社: 143-211.

江东, 王礼茂. 2005. 森林碳循环研究中的空间信息技术. 甘肃科学学报, 17(2): 88-92.
李怒云, 杨炎朝, 陈叙图. 2010. 发展碳汇林业应对气候变化——中国碳汇林业的实践与管理. 中国水土保持科学, 8(1): 13-16.
李克让, 王绍强, 曹明奎. 2003. 中国森林植被和土壤的碳储量. 中国科学D辑: 地球科学, 33(1): 72-80.
李森, 高尚玉, 杨萍, 等. 2005. 青藏高原冻融荒漠化的若干问题——以藏西-藏北荒漠化区为例. 冰川冻土, 27: 476-485.
李世东, 胡淑萍, 唐小明. 2013. 森林植被碳储量动态变化研究. 北京: 科学出版社: 14-40.
李燕, 魏朝富, 刘吉振, 等. 2008. 丘陵紫色土砾石的性质及其空间分布. 西南农业学报, 21: 1320-1325.
李意德, 曾庆波, 吴仲民, 等. 1992. 尖峰岭热带山地雨林生物量的初步研究. 植物生态学与地植物学学报, 16(4): 293-300.
李忠佩, 王效举. 2000. 小区域水平土壤有机质动态变化的评价与分析. 地理科学, 20 (2): 182-188.
林生明, 徐土根, 周国模. 1991. 杉木人工林生物量的研究. 浙江林学院学报, 8(3): 288-294.
刘国华, 傅伯杰, 方精云. 2000. 中国森林碳动态及其对全球碳平衡的贡献. 生态学报, 20: 733-740.
刘恒柏. 2009. 探地雷达探测土壤层次结构研究. 南京: 南京土壤研究所硕士学位论文.
刘华, 雷瑞德. 2005. 我国森林生态系统碳储量和碳平衡的研究方法及进展. 西北植物学报, 4: 102-105.
刘纪远, 王绍强, 陈镜明, 等. 2004. 1990-2000年中国土壤碳氮蓄积量与土地利用变化. 地理学报, 59: 483-496.
刘世荣, 柴一新, 蔡体久, 等. 1990. 兴安落叶松人工群落生物量与净初级生产力的研究. 东北林业大学学报, 18(2): 40-45.
刘世荣, 王晖, 栾军伟. 2011. 中国森林土壤碳储量与土壤碳过程研究进展. 生态学报, 31(19): 5437-5448.
刘双娜, 周涛, 魏林艳, 等. 2012. 中国森林植被的碳汇/源空间分布格局. 科学通报, 57(11): 943-950, 987.
刘志刚, 马钦彦, 潘向丽. 1994. 兴安落叶松天然林生物量及生产力的研究. 植物生态学报, 18(4): 328-337.
龙健, 江新荣, 邓启琼, 等. 2005. 贵州喀斯特地区土壤石漠化的本质特征研究. 土壤学报, 42(3): 419-427.
卢耀如. 1986. 中国喀斯特地貌的演化模式. 地理研究, 4: 76-78.
罗天祥. 1996. 中国主要森林类型生物生产力格局及其数学模型. 北京: 中国科学院博士学位论文.
罗云建, 张小全. 2006. 多代连栽人工林碳储量的变化. 林业科学研究, 19(6): 791-798.
罗云建, 张小全, 侯振宏, 等. 2007. 我国落叶松林生物量碳计量参数的初步研究. 植物生态学报, (6): 1111-1118.
吕达仁, 丁仲礼. 2012. 应对气候变化的碳收支认证及相关问题. 中国科学院院刊, 27 (3): 395-402.
吕建华, 季劲钧. 2002. 青藏高原大气-植被相互作用的模拟试验Ⅰ: 物理通量和参数. 大气科学, 26(1): 111-126.
马钦彦, 陈遐林, 王娟, 等. 2002. 华北主要森林类型建群种的含碳率分析. 北京林业大学学报, 5/6: 96-100.
潘根兴, 曹建华, 周运超. 2000. 土壤碳及其地球表层系统碳循环中的意义. 第四纪研究, 20(4): 325-334.
任海, 彭少麟, 向言词, 等. 2000. 鹤山马占相思人工林的生物量和净初级生产力. 植物生态学报, 24(1): 18-21.
阮宏华, 姜志林, 高苏铭, 等. 1997. 苏南丘陵主要森林类型碳循环研究. 生态学杂志, 16(6): 17-21.
桑卫国, 马克平, 陈灵芝, 等. 2002. 暖温带落叶阔叶林碳循环的初步估算. 植物生态学报, 26(5): 543-548.
宋霞, 刘允芬, 徐小锋, 等. 2003. 箱式法和涡度相关法测碳通量的比较研究. 江西科学, 21(3): 206-210.
孙伟, 林光辉, 陈世苹, 等. 2005. 稳定性同位素技术与Keeling曲线法在陆地生态系统碳水交换研究中的应用. 植物生态学报, 29(5): 851-862.
唐守正, 张会儒, 胥辉, 等. 2000. 相容性生物量模型的建立及其估计方法研究. 林业科学, 1(36): 19-27.
唐旭利, 温达志, 周国逸, 等. 2003a. 鼎湖山南亚热带季风常绿阔叶林植被 C 储量分布. 生态学报, 23(1): 95-97.
唐旭利, 周国逸, 周霞, 等. 2003b. 鼎湖山季风常绿阔叶林粗死木质残体的研究. 植物生态学报, 27(4): 484-489.
田大伦, 方晰. 2004. 湖南会同杉木人工林生态系统的碳素含量. 中南林学院学报, 24(2): 1-5.
汪业勖. 1999. 中国森林生态系统区域碳循环研究. 北京: 中国科学院博士学位论文.
王军邦. 2004. 中国陆地生态系统生产力遥感模型研究. 杭州: 浙江大学博士学位论文.
王绍强, 周成虎, 李克让, 等. 2000. 中国土壤有机碳库及空间分布特征分析. 地理学报, 55(5): 533-543.
王绍强, 朱松丽, 周成虎. 2001. 中国土壤土层厚度的空间变异性特征. 地理研究, 20(2): 161-169.
王世杰, 李阳兵. 2007. 喀斯特石漠化研究存在的问题与发展趋势. 地球科学进展, 6: 71-79.
王效科, 冯宗炜, 欧阳志云. 2001. 中国森林生态系统植物碳储量和碳密度研究. 应用生态学报, 12(l): 13-16.
王效科, 白艳莹, 欧阳志云. 2002. 全球碳循环中的失汇及其形成原因. 生态学报, 22(1): 94-103.
王雪军, 黄国胜, 孙玉军, 等. 2008. 近 20 年辽宁省森林碳储量及其动态变化.生态学报, 28(10): 4757-4764.
魏文俊, 王兵, 郭浩. 2008. 基于森林资源清查的江西省森林储碳功能研究. 气象与减灾研究, 31(4): 18-23.
吴炳方, 苑全治, 颜长珍, 等. 2014. 21 世纪前十年的中国土地覆盖变化. 第四纪研究, 34(4): 723-731.
吴金友, 李俊清. 2010. 造林项目碳计量方法.东北林业大学学报, 38(6): 115-117.
吴征镒. 1980. 中国植被. 北京: 科学出版社.
谢胜波, 屈建军, 韩庆杰. 2012. 青藏高原冻融风蚀形成机理的实验研究. 水土保持通报, 32: 64-68.
谢寿昌, 刘文耀, 李寿昌, 等. 1996. 云南哀牢山中山湿性常绿阔叶林生物量的初步研究. 植物生态学报, 20(2): 167-176.
徐新良, 曹明奎, 李克让. 2007. 中国森林生态系统植被碳储量时空动态变化研究. 地理科学进展, 26(6): 5-7.
徐冰, 郭兆迪, 朴世龙, 等. 2010. 2000-2050 年中国森林生物量碳库: 基于生物量密度与林龄关系的预测. 中国科学: 生命科学, 40(7): 587-594.
薛立, 杨鹏. 2004. 森林生物量研究综述. 福建林学院学报, 24(3): 283-288.
延晓冬, 赵士洞. 1995. 温度针阔叶混交林林分碳储量动态的模型模拟. 生态学杂志, 14(2): 6-12.
闫平, 冯晓川. 2006. 原始阔叶红松林碳素储量及空间分布. 东北林业大学学报, 31(5): 23-25.
易湘生, 李国胜, 尹衍雨, 等. 2012. 土壤厚度的空间插值方法比较. 地理研究, 31(10): 1793-1805.
于贵瑞, 李海涛, 王绍强. 2003. 全球变化与陆地生态系统碳循环和碳蓄积. 北京: 气象出版社.
于贵瑞, 张雷明, 孙晓敏, 等. 2004. 亚洲区域陆地生态系统碳通量观测研究进展. 中国科学 D 辑: 地球科学, 34(增刊 II): 15-29.
于贵瑞, 王秋凤, 朱先进. 2011. 区域尺度陆地生态系统碳收支评估方法及其不确定性. 地理科学进展, 30(1): 103-113.
袁位高, 江波, 葛永金, 等. 2009. 浙江省重点公益林生物量模型研究. 浙江林业科技, 29(2): 1-5.
张德全, 桑卫国, 李曰峰, 等. 2002. 山东省森林有机碳储量及其动态的研究. 植物生态学报, 26(增刊): 93-97.

张茂震, 王广兴. 2008. 浙江省森林生物量动态. 生态学报, 28(11): 5665-5674.
张一平, 窦军霞, 孙晓敏, 等. 2005. 热带季雨林林冠碳通量不同校正方法的比较分析. 应用生态学报, 16(12): 2253-2258.
赵广东, 王兵, 杨晶, 等. 2005. LI-8100 开路式土壤碳通量测量系统及其应用. 气象科技, 33(4): 363-366.
赵敏, 周广胜. 2004. 中国森林生态系统的植物碳储量及其影响因子分析. 地理科学, 24(1): 50-54.
郑征, 刘宏茂, 冯志立, 等. 2006. 西双版纳热带山地雨林生物量研究. 生态学杂志, 25(4): 347-353.
周存宇, 张德强, 王跃思, 等. 2004. 鼎湖山针阔叶混交林地表温室气体排放的日变化. 生态学报, 24(8): 1741-1745.
周国模, 姚建祥, 乔卫阳, 等. 1996. 浙江庆元杉木人工林生物量的研究. 浙江林学院学报, 13(3): 235-242.
周玉荣, 于振良, 赵士洞. 2000. 中国主要森林生态系统碳储量和碳平衡. 植物生态学报, 24: 518-522.
周运超, 王世杰, 卢红梅. 2010. 喀斯特石漠化过程中土壤的空间分布. 地球与环境, 38(1): 1-7.
邹春静, 卜军, 徐文铎. 1995. 长白松人工林群落生物量和生产力的研究. 应用生态学报, 6(2): 123-127.
Baldocchi D D. 2003. Assessing the eddy covariance technique for evaluating carbon dioxide exchange rates of ecosystems: past, present and future. Global Change Biol, 9(4): 479-492.
Baldocchi D D, Meyers T P. 1998. On using eco-physiological, micrometeorological and biogeochemical theory to evaluate carbon dioxide, water vapor and gaseous deposition fluxes over vegetation. Agr Forest Meteorol, 90: 1-26.
Batjes N H. 2012. ISRIC-WISE derived soil properties on a 5 by 5 arc-minutes global grid (ver.1.2). Report 2012/01, ISRIC-World Soil Information, Wageningen.
Bert D, Danjon F. 2006. Carbon concentration variations in the roots, stem and crown of mature *Pinus pinaster* (Ait.). For Ecol Manag, 222: 279-295.
Binkley D. 1995. The influence of tree species on forest soils: processes and patterns. Argon Soc New Zealand Special Publication, 10: 1-34.
Blanc L, Echard M, Herault B, et al. 2009. Dynamics of aboveground carbon stocks in a selectively logged tropical forest. Ecol Appl, 19: 1397-1404.
Bohn H L. 1976. Estimate of organic carbon in world soils. Soil Sci Soc Am J, 40: 468-470.
Bohn H L. 1982. Estimate of organic carbon in world soils II. Soil Sci Soc Am J, 46: 1118-1119.
Bork E W, West N E, Doolittle J A, et al. 1998. Soil depth assessment of sagebrush grazing treatments using electromagnetic induction. J Range Manage, 51(4): 469-474.
Brown S, Lugo A E. 1984. Biomass of tropical forests: a new estimate based on forest volumes. Science, 223(4642): 1290-1293.
Bureshe L P, Kursten E. 1993. Present role of German forest and forestry in the national carbon budget and options to its increase. Water Air Soil Poll, 70: 325-340.
Campbell M M, Sederoff R R. 1996. Variation in lignin content and composition—mechanism of control and implications for the genetic improvement of plants. Plant Physiol, 110: 3-13.
Cao M K, Woodword F I. 1998. Dynamic responses of terrestrial ecosystem carbon cycling to global climate change. Nature, 393: 249-252.
Cao M K, Prince S D, Li K R, et al. 2003. Response of terrestrial carbon uptake to climate inter annual variability in China. Global Change Biology, 9(4): 536-546.
Carvalho J A, Higuchi N, Araujo T M, et al. 1998. Combustion completeness in a rainforest, clearing experiment in Manaus, Brazil. J Geophys Res Atmos, 103: 13195-13199.
Cassardo C, Ji J, Longhetto A. 1995. A study of the performance of aland surface processes model. Bound

Lay Meteorol, 75: 87-121.
Chave J, Condit R, Muller-Landau H C, et al. 2008. Assessing evidence for a pervasive alteration in tropical tree communities. PLoS Biol, 6: 455-462.
Chen H S, Liu J W, Wang K L, et al. 2011. Spatial distribution of rock fragments on steep hills lope sinkarst region of northwest Guangxi, China. Catena, 84: 21-28.
Chen J Q, Falk M. 2002. Biophysical controls of carbon flows in three success ionic Douglas firs stands based on eddy covariance measurements. Tress Physiology, Heron Publishing - Victoria, Canada, 22: 169-177.
Chen Q Q, Xu W Q, Yan J H. et al. 2012. Aboveground biomass and corresponding carbon sequestration ability of four major forest types in south China. Chin Sci Bull, 57(13): 1119-1125.
Childs S W, Flint A L. 1990. Physical properties of forest soils containing rock fragments. *In*: Gessel S P, Lacate D S, Weetmanand R G F, et al. Sustained Productivity of Forest Soils. University of British Columbia. Vancouver B. C: Faculty of Forestry Publ: 95-121.
Corti G, Ugolini F C, Agnelli A, et al. 2002. The soil skeleton, a forgotten pool of carbon and nitrogen. Eur J of Soil Sci, 53: 283-298.
Cronan C S. 2003. Belowground biomass, production, and carbon cycling in mature Norway spruce, Maine, U.S.A. Can J For Res, 33: 339-350.
David C C, Jennifer C J. 2010. Final report: Joint Fire Science Program (07-3-1-05) Literature synthesis and metal-analysis of tree and shrub biomass equations in North America.
Delcourt H R, Harris W F. 1980. Carbon budget of the southeastern U.S. biota: analysis of historical change in trend from source to sink. Science, 210: 321-323.
Dietrich W E, Reiss R, Hsu M L, et al. 1995. A process-based model for colluvial soil depth and shallow landsliding using digital elevation data. Hydrol Process, 9(3/4): 383-400.
Dixon R K, Brown S, Houghton R A, et al. 1994. Carbon pools and flux of global forest ecosystem. Science, 262: 185-190.
Eriksson H. 1991. Sources and sinks of carbon dioxide in Sweden. Ambio, 20: 146-150.
Fahey T J, Siccama T G, Driscoll C T, et al. 2005. The biogeochemistry of carbon at Hubbard Brook. Biogeochemistry, 75: 109-176.
Fang J Y, Wang G G, Liu G H, et al. 1998. Forest biomass of China: an estimation based on the biomass-volume relationship. Ecol Appl, 8: 1084-1091.
Fang J Y, Chen A P, Peng C H, et al. 2001. Changes in forest biomass carbon storage in China between 1949 and 1998. Science, 292: 2320-2322.
Fang J Y, Wang Z M. 2001. Forest biomass estimation at regional and global levels, with special reference to China's forest biomass. Ecol Res, 16: 587-592.
Fang J Y, Oikawa T, Kato T, et al. 2005. Biomass carbon accumulation by Japan's forests from 1947 to 1995. Glob Biogeochem Cycles, 19: GB2004: 1-GB2004: 10.
Fang Y T, Mo J M. 2002. Study on carbon distribution and storage of a pine for esteco system in Dinghushan Biosphere Reserve. Guihaia, 22: 305-310.
FAO. 2011. Global forest resources assessment 2010. Rome FAO.
Gower S T, Krankina O, Olson R J, et al. 2001. Net primary production and carbon allocation patterns of boreal forest ecosystems. Ecol Appli, 11: 1395-1411.
Grigal D F, Berguson W E. 1998. Soil carbon changes associated with short-rotation systems. Annual Review of Biophysics and Bioengineering, 14(4): 371-377.

Guo L B, Gifford R M. 2002. Soil carbon stocks and land use change: a meta analysis. Glob Change Biol, 8: 345-360.

Harrison R B, Adams A B. 2003. Quantifying deep soil and coarse soil fractions: avoiding sampling bias. Soil Sci Soc Am J, 67: 1602-1606.

Houghton J T, Jenkins G J, Ephraums J J, et al. 1990. Climate Change: the IPCCs Cientific Assessment. Cambridge: Cambridge University Press.

Houghton R A. 2005. Aboveground forest biomass and the global carbon balance. Glob Change Biol, 11: 945-958.

Huang M, Ji J J, Li K, et al. 2007. The ecosystem carbon accumulation after conversion of grasslands to pine plantations in subtropical red soil of South China. Tellus Series B-Chemical and Physical Meteorology, 59B: 439-448.

IPCC. 2003. Good Practice Guidance for Land Use, Land-Use Change and Forestry. Hayama, Japan: IPCC/IGES.

IPCC. 2006. IPCC Guidelines for National Greenhouse Gas Inventories. Volume 4: Agriculture, Forestry and other Land Use (AFOLU). Hayama, Japan: IPCC/IGES.

IPCC. Climate Change 2007: the Physical Science Basis. Contribution of Working Group I to the Fourth Assessment Report of the Intergovernmental Panel on Climate Change. Cambridge: Cambridge University Press: 241-253.

Isaev A, Korovin G, Zamolodchikov D, et al. 1995. Carbon stock and deposition in photomaps of the Russian forests. Water Air Soil Poll, 82(1/2): 247-256.

Jenkins J C, Chojnacky D C, Heath L S, et al. 2003. National-scale biomass estimators for United States. Tree Species For Sci, 49(1): 12-35.

Jennifer C J, David C C, Linda S H, et al. 2004. Comprehensive Database of Diameter-Based Biomass Regressions for North American Tree Species. Delaware: USDA Forest Service Publication.

Ji J J, Hu Y C H. 1989. A simple land surface process model for use in climate studies. Acta Meteorologies Sinica, 3: 342-351.

Ji J J, Yu L. 1995. A simulation study of coupled feedback mechanism between physical and biogeochemical processes at the surface. Chinese Journal of Atmospheric Sciences, 23(4): 439-448.

Jobbagy E, Jackson R. 2000. The vertical distribution of soil organic carbon and its relation to climate and vegetation. Ecol Appl, 10: 423-436.

Karjalainen T, Seppo K. 1995. Carbon balance in the forest sector in Finland during 1990-2039. Climate Change, 31: 451-478.

Kauppi P E, Tomppo E, Ferm A. 1995. C and N storage in living trees within Finland since 1950s. Plant Soil, 168: 633-638.

Keeling C D. 1958. The concentration and isotopic abundances of atmospheric carbon dioxide in rural areas. Geochimica Cosmochimica Acta, 13: 322-334.

Keeling C D. 1961. The concentration and isotopic of carbon dioxide in rural marine air. Geochimica Cosmochimica Acta, 24: 277-298.

Krankina O N, Dixon R K. 1994. Forest management option to conserve and sequester terrestrial carbon in the Russian Federation. World Resources Review, 6(1): 88-101.

Krankina O N, Hanrmon M E, Winjum J K. 1996. Carbon storage and sequestration in Russian forest sector. Amblo, 25(4): 284-288.

Kuriakose S L, Devkota S, Rossiter D G, et al. 2009. Prediction of soil depth using environmental variables in an anthropogenic landscape, a case study in the Western Ghats of Kerala, India. Catena, 79(1): 27-38.

Kurz W A, Apps M J. 1993. Contribution of northern forest to the global carbon cycle: Canada as a case study. Water Air Soil Poll, 70: 163-176.

Kurz W A, Dymond C C, White T M, et al. 2009. CBM-CFS3: a model of carbon-dynamics in forestry and land-use change implementing IPCC standards. Ecol Model, 220: 480-504.

Lal R. 2004. Soil carbon sequestration impacts on global climate change and food security. Science, 304: 1623-1627.

Lamlom S H, Savidge R A. 2003. A reassessment of carbon content in wood: Variation within and between 41 North American species. Biomass Bioenergy, 25: 381-388.

Lewis S L, Lopez-Gonzalez G, Sonke B, et al. 2009. Increasing carbon storage in intact African tropical forests. Nature, 457: 1003-1006.

Li S C, Zhang Y H, Frolking S, et al. 2003. Modeling soil organic carbon change in croplands of China. Ecol Appl, 13: 327-336.

Malhi Y, Baldocchi D D, Jarvis P G. 1999. The carbon balance of tropical, temperate and boreal forests. Plant, Cell Environ, 22(6): 715-740.

Melson S L, Harmon M E, Fried J S, et al. 2011. Estimates of live-tree carbon stores in the Pacific Northwest are sensitive to model selection. Carbon Balance Manag, 6: 1-16.

Miller F T, Guthrie R L. 1984. Classification and distribution of soils containing rock fragments in the United States. Madison: Soil Science Society of America Journal Special Publication: 1-6.

Muukkonen P. 2006. Forest inventory-based large-scale forest biomass and carbon budget assessment: new enhanced methods and use of remote sensin for verification. Department of Geography, University of Helsinki, Helsinki, Finland.

Ni J, Sykes M T, Prentice I C, et al. 2000. Modeling the vegetation of China using the process-passed equilibrium terrestrial biosphere model BIOME3. Global Ecology & Biogeograohy, 9: 463-479.

Pan Y D, Luo T X, Birdsey R, et al. 2004. New estimations of carbon storage and sequestration in China's forests: effects of age-class and method on inventory-based carbon estimation. Climate Change, 67: 211-236.

Pan Y D, Birdsey R A, Fang J Y, et al. 2011. A large and persistent carbon sink in the world's forests. Science, 333: 988-993.

Parton W J, Schimel D S, Cole C V, et al. 1987. Analysis of factors controlling soil organic matter levels in great plains grasslands. Soil Sci Soc of Am J, 51: 1173-1179.

Pataki D E, Ehleringer J R, Flanagan L B, et al. 2003. The application and interpretation of keeling plots in terrestrial carbon cycle research. Global Biogeochemical Cycles, 17(1): 1-14.

Paul K I, Polglase P J, Nyakuengama J G, et al. 2002. Change in soil carbon following afforestation. Forest Ecol Manag, 168: 241-257.

Peng C H, Guiot J, Van C E. 1995. Reconstruction of the past terrestrial carbon storage of the Northern Hemisphere from the Osnabruck Model and paled data. Clim Res, 5: 107-118.

Piao S L, Fang J Y, Zhu B, et al. 2005. Forest biomass carbon stocks in China over the past two decades: estimation based on integrated inventory and satellite data. J Geophys Res, 110: G01006.

Piao S L, Fang J Y, Ciais P, et al. 2009. The carbon balance of terrestrial ecosystems in China. Nature, 458: 1009-1013.

Poesen J, Lavee H. 1994. Rock fragments in top soils: significance and processes. Catena, 23: 1-28.

Post W M, Emanuel W R, Zinke P J, et al. 1982. Soil carbon pools and world life zones. Nature, 298:

156-159.

Pyle E H, Santoni G W, Nascimento H E M, et al. 2008. Dynamics of carbon, biomass, and structure in two Amazonian forests. J Geophys Res, 113, G00B08: 1-G00B08: 20.

Raich J W, Rastetter E B, Melillo J M, et al. 1991. Potential net primary productivity in south America: application of a global model. Ecol Appl, 4: 399-429.

Ran Y H, Li X, Lu L. 2010. Evaluation of four remote sensing based land cover products over China. Int J Remote Sens, 31: 2, 391-401.

Ren H, Chen H, Li L J, et al. 2013. Spatial and temporal patterns of carbon storage from 1992 to 2002 in forest ecosystems in Guangdong, Southern China. Plant Soil, 363(1-2): 123-138.

Rubey W W. 1951. Geologic history of sea water. Bulletin of the Geological Society of America, 62: 1111-1148.

Running S W, Coughlan J C. 1988. A general model of forest ecosystem processes for regional applications, hydrologic balance, canopy gas exchange and primary production processes. Ecol Model, 42: 125-154.

Saatchi S S, Harris N L, Brown S, et al. 2011. Benchmark map of forest carbon stocks in tropical regions a cross three continents. Proc Natl Acad Sci USA, 108: 9899-9904.

Saner P, Loh Y Y, Ong R C. 2012. Carbon stocks and fluxes in tropical lowland Dipterocarp rainforests in Sabah, Malaysian Borneo. PLoS ONE, 7: 11.

Schroeder P, Ladd L. 1991. Slowing the increase of atmospheric carbon dioxide: a biological approach. Climate Change, 19: 283-290.

Shipp R F, Matelski R P. 1965. Bulk density and coarse fragment determination on some Pennsylvanian soils. Soil Sci, 99: 392-397.

Somogyi Z, Cienciala E, Mäkipää R, et al. 2007. Indirect methods of large scale forest biomass estimation. Eur J Forest Res, 126(2): 197-207.

Soto-Pinto L, Anzueto M, Mendoza J, et al. 2010. Carbon sequestration through agroforestry in indigenous communities of Chiapas, Mexico. Agrofor Syst, 78: 39-51.

Tang X L, Wang Y P, Zhou G Y, et al. 2011. Different patterns of ecosystem carbon accumulation between a young and an old-growth subtropical forest in Southern China. Plant Ecol, 212(8): 1385-1395.

Thomas S C, Malczewski G. 2007. Wood carbon content of tree species in eastern China: interspecific variability and the importance of the volatile fraction. J Environ Manag, 85: 659-662.

Thomas S C, Martin A R. 2012. Carbon content of tree tissues: a synthesis. Forests, 3: 332-352.

Torri D, Poesen J, Monaci F, et al. 1994. Rock fragment content and fine soil bulk density. Catena, 23: 65-71.

Turner J, Lambert M. 2000. Change in organic carbon in forest plantation soils in eastern Australia. Forest Ecol Manag, 133: 231-247.

Verhoef W, Bach H. 2007. Couple soil-leaf-canopy and atmosphere radioactive transfer modeling to simulate hyper spectral multiannual surface reflectance and TOA radiance data. Remote Sens Environ, 10: 1-17.

Wang S, Chen J M, Ju W M, et al. 2007. Carbon sinks and sources in China's forest during 1901-2001. J Environ Manage, 85: 524-537.

Wang X D, Liu G C, Liu S Z, et al. 2011. Effects of gravel on grassland soil carbon and nitrogen in the arid regions of the Tibetan Plateau. Geoderma, 166: 181-188.

West G B, Brown J H, Enguist B J. 1999. A general model for the structure and allometry of plant vascular system. Nature, 400: 664-667.

Wilson K, Goldstein A, Falge E, et al. 2002. Energy balance closure at FLUXNET sites. Agri Forest Meteorol, 113: 223-243.

Woodall C W, Monleon V J. 2008. Sampling protocols, estimation procedures, and analytical guide lines for the down woody materials indicator of the Forest Inventory and Analysis Program. Gen. Tech. Rep. NRS-22. Newtown Square, PA: U.S. Department of Agriculture, Forest Service, Northern Research Station.

Woodbury P B, Smith J E, Heath L S. 2007. Caron sequestration in the U.S. forest sector from 1990 to 2010. For Ecol Manag, 241: 14-27.

Xiao D M, Wang M, Wang Y S, et al. 2004. Fluxes of soil carbon dioxide, nitrous oxide and firedamp in board-leaed Korean pine forest. J Forest Res, 15(2): 107-112.

Xie Z B, Zhu J G, Liu G H, et al. 2007. Soil organic carbon stocks in China and changes from 1980s-2000s. Glob Change Biol, 13: 1989-2007.

Yakir D, Wang X F. 1996. Fluxes of CO_2 and water between terrestrial vegetation and the atmosphere estimated from isotope measurement. Nature, 380: 515-517.

Yan J H, Zhou G Y, Zhang D Q, et al. 2006. Different patterns of changes in the dry season diameter at breast height of dominant and evergreen tree species in a mature subtropical forest in South China. J Integr Plant Biol, 48(8): 906-913.

Yan J H, Liu X Z H, Tang X L, et al. 2013a. Substantial amounts of carbon are sequestered during dry periods in an old-growth subtropical forest in South China. J Forest Res, 18: 21-30.

Yan J H, Zhang Y P, Yu G R, et al. 2013b. Seasonal and inter-annual variations in net ecosystem exchange of two old-growth forests in southern China. Agric Forest Meterol, 182-183: 257-265.

Yang Y H, Mohammat A, Feng J M, et al. 2007. Storage, patterns and environmental controls of soil organic carbon in China. Biogeochemistry, 84: 131-141.

Yu G R, Zhang L M, Sun X M, et al. 2008. Environmental controls over carbon exchange of three forest ecosystems in eastern China. Glob Change Biol, 14: 2555-2571.

Yu-Jen L, Liu C P, Lin J C. 2002. Measurement of specific gravity and carbon content of important timber species in Taiwan. J For Sci, 17: 291-299.

Zhang J, Ge Y, Chang J, et al. 2007. Carbon storage by ecological service forest in Zhejiang Province, subtropical China. Forest Ecol Manag, 245: 64-75.

Zhang Q Z, Wang C K, Wang X C. 2009. Carbon concentration variability of 10 Chinese temperate tree species. For Ecol Manag, 258: 722-727.

Zhao M, Zhou G S. 2004. Carbon storage of forest vegetation and its relationship with climatic factors. Sci Geogr Sinica, 24: 50-54.

Zheng H, Youyang Z H, Xu W H, et al. 2008. Variation of carbon storage by different reforestation types in the hilly red soil region of Southern China. Forest Ecol Manag, 255: 1113-1121.

Zhou C Y, Wei X H, Zhou G Y, et al. 2008. Impacts of a large-scale reforestation program on carbon storage dynamics in Guangdong, China. Forest Ecol Manag, 255: 847-854.

Zhou G Y, Wei X H, Chen X Z, et al. 2015. Global pattern for the effect of climate and land cover on water yield. Nat Commun, 6: 5918.

Zhu Y J, Shao M A. 2008. Spatial distribution of surface rock fragment on hill-slopes in a small catchment in wind-water erosion crisscross region of the Loess Plateau. Science in China (Series D: Earth Science), 51: 862-870.

Zinai S. 2005. Aspects of tree allometry. *In*: Burk A R. New Research on Forest Ecosystems. New York: Nova Science Pub: 113-144.

附录一　生物量方程

表 1　中国森林主要优势树种（组）生物量方程

序号	优势树种（组）	器官	$W=aD^b$			$W=a(D^2H)^b$		
			a	b	r^2	a	b	r^2
1	云杉、冷杉	干	0.0562	2.4608	0.92	0.0408	0.9020	0.93
		枝	0.1298	1.8070	0.76	0.0953	0.6714	0.79
		叶	0.1436	1.6729	0.75	0.1049	0.6249	0.79
		根	0.0313	2.3049	0.86	0.0221	0.8509	0.87
2	桦木	干	0.1555	2.2273	0.99	0.1040	0.7926	0.92
		枝	0.0134	2.4932	0.99	0.0087	0.8855	0.91
		叶	0.0092	2.0967	0.99	0.0064	0.7453	0.91
		根	0.0242	2.4750	0.99	0.0155	0.8805	0.91
3	落叶松	干	0.0526	2.5257	0.99	0.0242	0.9445	0.95
		枝	0.0085	2.4815	0.99	0.0040	0.9272	0.95
		叶	0.0168	2.0026	0.99	0.0091	0.7482	0.95
		根	0.0219	2.2645	0.99	0.0110	0.8466	0.95
4	红松	干	0.1087	2.1527	0.99	0.0523	0.8512	0.99
		枝	0.0481	2.0877	0.99	0.0235	0.8267	0.99
		叶	0.0631	1.8343	0.99	0.0337	0.7261	0.99
		根	0.0305	2.3298	0.99	0.0138	0.9205	0.99
5	云南松	干	0.0900	3.4678	0.99	0.0690	1.2473	0.97
		枝	0.0310	3.325	0.99	0.0242	1.1951	0.97
		叶	0.0298	2.3596	0.98	0.0215	0.8675	0.99
		根	0.4432	2.6927	0.99	0.3635	0.9675	0.97
6	华山松	干	0.0787	2.2823	0.99	0.0910	0.7683	0.93
		枝	0.0270	2.3664	0.99	0.0314	0.7965	0.93
		叶	0.0046	2.5540	0.99	0.0054	0.8599	0.93
		根	0.0224	2.2836	0.99	0.0258	0.7689	0.93

续表

序号	优势树种（组）	器官	$W=aD^b$			$W=a(D^2H)^b$		
			a	b	r^2	a	b	r^2
7	油松	干	0.1450	2.1567	0.99	0.1303	0.7624	0.97
		枝	0.0673	1.9781	0.99	0.0613	0.6986	0.96
		叶	0.0600	1.9329	0.99	0.0545	0.6832	0.97
		根	0.0503	2.0886	0.99	0.0453	0.7382	0.97
8	樟子松	干	0.0840	2.2337	0.99	0.0805	0.8063	0.94
		枝	0.0691	1.7370	0.99	0.0669	0.6268	0.94
		叶	0.0994	1.8157	0.99	0.0961	0.6553	0.94
		根	0.2645	1.4197	0.99	0.2385	0.5227	0.97
9	马尾松及其他松类	干	0.0292	2.8301	0.91	0.0237	1.0015	0.94
		枝	0.0021	3.2818	0.89	0.0016	1.1628	0.92
		叶	0.0021	2.8392	0.91	0.0017	1.0033	0.94
		根	0.0194	2.3497	0.77	0.0170	0.8259	0.78
10	柏木	干	0.0937	2.2225	0.99	0.0335	0.9422	0.96
		枝	0.0323	2.3338	0.99	0.0108	0.9916	0.96
		叶	0.0236	2.3106	0.99	0.0079	0.9824	0.96
		根	0.0570	2.1651	0.99	0.0205	0.9203	0.96
11	栎类	干	0.1030	2.2950	0.99	0.0560	0.9140	0.95
		枝	0.0160	2.6080	0.99	0.0080	1.0370	0.94
		叶	0.0110	2.2170	0.99	0.0060	0.8830	0.95
		根	0.1280	2.2010	0.99	0.0720	0.8760	0.94
12	其他硬阔类	干	0.0971	2.3253	0.99	0.0545	0.8630	0.89
		枝	0.0278	2.3540	0.99	0.0155	0.8737	0.89
		叶	0.0239	2.0051	0.99	0.0145	0.7444	0.89
		根	0.0529	2.2317	0.99	0.0307	0.8270	0.89
13	杉木及其他杉类	干	0.0543	2.4242	0.99	0.0422	0.8623	0.96
		枝	0.0255	2.0726	0.99	0.0206	0.7367	0.96
		叶	0.0773	1.5761	0.99	0.0664	0.5589	0.95
		根	0.0513	2.0338	0.99	0.0418	0.7222	0.96
14	桉树	干	0.0349	2.7913	0.99	0.0263	0.9419	0.97
		枝	0.0701	1.7318	0.89	0.0597	0.5820	0.87

续表

序号	优势树种（组）	器官	$W=aD^b$			$W=a(D^2H)^b$		
			a	b	r^2	a	b	r^2
14	桉树	叶	0.0175	2.4165	0.82	0.0136	0.8158	0.81
		根	0.0186	2.3163	0.98	0.0146	0.7828	0.97
15	杨树	干	0.0800	2.3350	0.99	0.0340	0.9160	0.93
		枝	0.0210	2.3400	0.99	0.0090	0.9150	0.92
		叶	0.0120	2.0130	0.99	0.0060	0.7890	0.92
		根	0.0360	2.1920	0.99	0.0160	0.8580	0.92
16	其他软阔类	干	0.1286	2.2255	0.99	0.0699	0.8254	0.89
		枝	0.0445	1.9516	0.99	0.0267	0.7207	0.88
		叶	0.0197	1.6667	0.99	0.0125	0.6181	0.89
		根	0.0630	2.0316	0.99	0.0363	0.7529	0.89
17	木麻黄	干	0.1671	2.2929	0.90	0.0359	0.9509	0.95
		枝	0.1034	1.8367	0.77	0.0407	0.7246	0.74
		小枝	0.2809	1.1680	0.67	0.1939	0.4330	0.56
		根	0.0325	2.3390	0.91	0.0089	0.9363	0.89
18	铁杉、柳杉、油杉	干	0.1909	1.9859	0.99	0.1712	0.7304	0.91
		枝	0.0205	2.2230	0.99	0.0180	0.8074	0.91
		叶	0.0453	1.8432	0.99	0.0408	0.6691	0.91
		根	0.0223	2.3840	0.99	0.0193	0.8670	0.91
19	典型落叶阔叶林	干	0.2698	1.8545	0.65	0.1414	0.7144	0.64
		枝	0.0223	2.2299	0.84	0.0122	0.8375	0.8
		叶	0.0150	1.9895	0.77	0.0100	0.7247	0.68
		根	0.1364	1.7278	0.66	0.0805	0.6530	0.63
20	亚热带落叶阔叶林	干	0.0546	2.5027	0.96	0.0263	0.9695	0.98
		枝	0.0433	2.0727	0.94	0.0232	0.8055	0.97
		叶	0.0138	2.0650	0.94	0.0075	0.8015	0.96
		根	0.0653	2.0193	0.94	0.0381	0.7620	0.94
21	典型常绿阔叶林	干	0.0604	2.5242	0.95	0.0296	0.9559	0.96
		枝	0.0359	2.2091	0.91	0.0204	0.8276	0.91
		叶	0.0151	2.1064	0.85	0.0078	0.8071	0.88
		根	0.0117	2.6355	0.95	0.0053	0.9826	0.88

续表

序号	优势树种（组）	器官	$W=aD^b$			$W=a(D^2H)^b$		
			a	b	r^2	a	b	r^2
22	其他亚热带阔叶林	干	0.0895	2.4251	0.96	0.0461	0.8969	0.92
		枝	0.0205	2.5059	0.88	0.0134	0.8889	0.78
		叶	0.0215	2.0393	0.69	0.0106	0.7756	0.70
		根	0.0067	2.8774	0.97	0.0033	1.0419	0.89
23	针叶林	干	0.0670	2.4090	0.99	0.0290	0.9370	0.95
		枝	0.0220	2.2700	0.99	0.0100	0.8830	0.95
		叶	0.0250	2.1240	0.99	0.0120	0.8260	0.95
		根	0.0380	2.1650	0.99	0.0180	0.8420	0.95
24	阔叶林	干	0.1300	2.2010	0.99	0.0590	0.8630	0.93
		枝	0.0140	2.5020	0.99	0.0050	0.9810	0.93
		叶	0.0130	2.0630	0.99	0.0060	0.8090	0.93
		根	0.0570	2.1710	0.99	0.0260	0.8510	0.93
25	针阔叶混交林	干	0.0610	2.4590	0.99	0.0260	0.9490	0.96
		枝	0.0970	1.8460	0.98	0.0530	0.7090	0.94
		叶	0.1330	1.4550	0.99	0.0820	0.5610	0.96
		根	0.0960	1.9280	0.99	0.0510	0.7420	0.95

附录二　中国森林主要树种（组）分器官含碳量

表 1　**中国森林主要树种（组）不同器官的碳含量（%）**[a]

类型	干			根			叶			枝			CV /%	n	总[b]			N
	平均值	SD	Sig	平均值	SD	Sig	平均值	SD	Sig	平均值	SD	Sig			平均值	SD	Sig	
全部类型[c]	46.49	4.31	b	44.85	4.90	c	47.37	5.22	a	46.75	4.87	ab	2.32	7117	46.30	3.66		1472
分类[d]																		
冷杉、云杉 *Abies*，*Picea*	47.54	2.90	ab	48.54	2.33	a	50.67	2.53	abc	49.35	4.44	abc	2.70	519	48.30	2.34	abc	136
桦木 *Betula*	45.61	2.14	abc	45.19	3.89	ab	47.55	4.29	abcde	47.98	2.54	abc	2.98	153	45.47	2.18	bcde	27
木麻黄 *Casuarina*	44.54	1.43	abc	45.00	0.51	ab	42.54	1.29	ef	43.46	0.55	cd	2.52	8	44.45	1.01	cde	2
杉木 *Cunninghamia lanceolata*	47.71	3.47	ab	43.17	5.34	ab	47.95	4.86	abcde	46.52	5.81	abc	4.75	648	46.63	3.29	abcd	136
柏木 *Cypress*	48.33	4.21	ab	46.13	5.08	a	50.53	6.14	abc	48.31	4.44	abc	3.72	207	47.69	3.37	abcd	49
栎类	44.34	3.52	bc	42.26	4.07	ab	45.86	4.63	cdef	44.73	3.54	bcd	3.39	1015	44.09	2.89	de	251
桉树 *Eucalyptus*	45.50	2.17	abc	45.23	1.89	ab	46.18	2.99	bcde	45.30	1.96	abcd	0.95	44	45.62	2.22	bcde	11
落叶松 *Larix*	47.52	5.05	ab	47.02	4.18	a	47.09	4.70	abcde	47.77	5.96	abc	0.75	205	47.66	4.03	abcd	48
照叶树[e]	46.28	2.73	ab	44.75	4.24	ab	46.79	3.98	abcde	46.01	3.05	abcd	1.89	718	46.56	2.57	abcd	116
针阔叶混交林	48.12	3.81	ab	48.03	3.49	a	47.22	4.09	abcde	47.60	3.62	abc	0.87	196	45.34	4.69	bcde	48
阔叶林	45.21	5.55	abc	43.50	5.92	ab	44.55	5.65	def	44.38	5.60	bcd	1.59	603	44.40	3.99	cde	99
杂木	45.37	4.42	abc	44.83	3.45	ab	44.70	3.95	def	45.70	4.76	abcd	1.04	219	45.91	2.53	bcde	39
华山松 *Pinus armandii*	49.35	3.46	a	47.78	4.34	a	51.58	3.48	ab	51.47	2.86	a	3.65	81	48.94	3.10	ab	20
红松 *P. koraiensis*	48.11	5.54	ab	48.64	7.44	a	44.93	6.42	def	47.44	4.63	abc	3.47	72	48.53	4.50	abc	14
马尾松、云南松 *P. massoniana*，*P. yunnanensis*	47.91	4.13	ab	45.96	3.63	ab	49.80	4.89	abcd	48.32	4.68	abc	3.30	926	47.84	3.59	abcd	164

续表

类型	干			根			叶			枝			CV/%	*n*	总[b]			*N*
	平均值	SD	Sig	平均值	SD	Sig	平均值	SD	Sig	平均值	SD	Sig			平均值	SD	Sig	
樟子松、赤松 *P. sylvestris* var. *mongolica*	48.87	2.54	ab	48.18	1.94	a	49.95	3.92	abcd	49.54	2.45	abc	1.58	83	48.88	1.71	ab	16
油松 *P. tabulaeformis*	47.36	4.81	ab	45.92	4.12	ab	49.68	3.57	abcd	48.30	5.53	abc	3.31	306	47.67	3.89	abcd	71
其他松及针叶林	47.32	4.77	ab	47.27	3.58	a	49.28	3.75	abcd	48.78	4.61	abc	2.12	320	47.55	3.72	abcd	69
杨树 *Populus*	46.09	5.07	ab	43.76	6.15	ab	44.80	6.50	def	46.13	4.73	abcd	2.52	631	44.65	3.68	cde	124
铁杉、柳杉、油杉 *Tsuga*，*Cryptomeria*，*Keteleeria*	49.33	2.55	a	46.78	1.13	a	52.09	2.06	a	50.11	3.38	ab	4.43	25	50.53	0.27	a	4
热带林	46.46	2.21	ab	45.52	1.33	ab	46.21	2.85	bcde	46.64	1.99	abc	1.06	82	46.77	1.92	abcd	20
水曲柳、胡桃楸、黄柏 *Fraxinus mandschurica*，*Juglans mandshurica*，*Phellodendron*	41.59	4.39	c	39.85	5.86	b	40.87	9.51	f	40.31	5.67	d	1.84	56	42.49	3.49	e	8
起源																		
人工林	46.08	4.14		44.87	4.86		47.21	4.67		46.39	4.49		2.10	3994	46.09	3.44		817
天然林	47.03	4.46		44.83	4.96		47.57	5.83		47.19	5.27		2.65	3123	46.56	3.89		655
叶型																		
针叶林	47.83	4.08	a	46.18	4.51	a	49.41	4.66	a	48.29	5.06	a	2.80	3392	47.72	3.35	a	771
阔叶林	45.36	4.15	b	43.68	4.81	b	45.61	5.13	c	45.39	4.28	b	1.99	3529	44.69	3.20	b	653
针阔叶混交林	45.91	4.42	b	44.03	6.08	b	46.93	3.94	b	45.62	4.01	b	2.63	196	45.34	4.69	b	48

[a] *n*. 样品数；*N*. 样地数；SD. 标准差；Sig. 差异性显著程度（小写字母表示在同一种分类中不同森林类型之间存在显著性差异，$P<0.05$）；[b] 总平均碳含量（基于各器官生物量加权算法，不包括"全部类型"类别）；[c] 我国森林平均碳含量（基于器官生物量加权和面积加权双重算法，后面的字母表示各器官平均碳含量存在显著性差异，$P<0.05$）；[d] 森林类型的分类参考 Fang 等（2001）的文献；[e] 照叶树包括樟、栲、青冈、柯

表 2　中国森林主要群系平均碳含量

群系	常绿阔叶林		亚热带 针阔叶混交林		暖温带针叶林		温带针阔叶混交林		落叶阔叶林		寒温带针叶林		全国		*N*
	平均值	SD	平均值	SD	平均值	SD	平均值	SD	平均值	SD	平均值	SD	平均值	SD	
所有群系	46.02	2.22	46.68	3.51	47.33	3.68	48.61	3.95	44.17	3.28	48.06	2.76	46.30	3.66	1472
天然林															
演替初期	46.99a	1.38	44.38c	4.33	46.53b	3.54	46.48	0.24	44.27	2.23	49.37	2.75	45.73b	3.28	205
演替中期	46.27ab	3.15	46.38abc	2.86	47.32ab	2.73	48.66	4.33	44.10	3.34	47.96	2.59	46.09ab	3.59	383
演替顶级	44.94b	2.03	45.13bc	3.81	48.84a	2.50	49.05	4.07	44.27	2.60	48.16	2.31	46.37ab	3.31	229
人工林															
幼龄林	46.16ab	1.96	47.96ab	2.89	46.89b	2.76	49.55	7.97	43.30	3.62	47.21	3.53	46.02ab	3.70	147
中龄林	46.38ab	1.74	48.56a	3.12	47.58ab	4.48	49.10	2.95	44.70	3.93	47.40	3.43	46.81a	4.11	289
成熟林	46.41ab	1.73	47.29ab	3.42	47.41ab	3.84	48.49	1.59	43.93	3.78	48.93	2.85	46.58ab	3.70	219

注：*N*. 样地数；SD. 标准差；小写字母表示在各群系中不同阶段或龄级之间存在显著性差异，$P<0.05$

表 3　几种采用不同碳含量估算的全国森林碳储量及相对误差分析
（基于 2004～2008 年全国森林资源清查数据）

方法	固定常数		分类常数					
	CC_1=50%	CC_2=46.3%	林型	起源	叶型	群系	起源+演替阶段	群系+起源+演替阶段
碳储量/Pg C	6.367	5.896	5.931	5.883	5.899	5.856	5.921	5.91
相对误差 REE/%		8.0*	7.4	8.2	8.0	8.7	7.5	7.7
平均碳含量/%	50	46.3	46.57	46.19	46.32	45.98	46.5	46.4

* 分别采用 50%或者 46.3%作为碳含量转换系数的碳储量为 6.367 Pg C 和 5.896 Pg C，则相对误差 REE =（6.367–5.896）/5.896 = 8.0%

附录三　中国森林土壤砾石含量

表1　分省（自治区、直辖市）分类型森林土壤砾石含量

省（自治区、直辖市）	森林类型	类型代码	土壤分层砾石含量/%				
			0～10 cm	10～20 cm	20～30 cm	30～50 cm	50～100 cm
黑龙江	常绿阔叶林	101	16.01	16.01	11.73	12.95	14.68
黑龙江	常绿针叶林	102	13.72	13.72	12.34	13.47	14.85
黑龙江	落叶阔叶林	103	16.50	16.50	12.26	13.55	15.34
黑龙江	落叶针叶林	104	15.56	15.56	12.14	13.30	15.13
黑龙江	针阔叶混交林	105	16.96	16.96	10.04	11.30	13.22
吉林	常绿阔叶林	101	20.72	20.72	10.57	13.26	15.29
吉林	常绿针叶林	102	20.72	20.72	10.57	13.26	15.29
吉林	落叶阔叶林	103	19.74	19.74	12.52	16.20	18.78
吉林	落叶针叶林	104	20.72	20.72	10.57	13.26	15.29
吉林	针阔叶混交林	105	20.81	20.81	7.07	7.97	9.00
辽宁	常绿阔叶林	101	21.25	21.25	16.00	17.50	17.80
辽宁	常绿针叶林	102	15.69	15.69	10.19	11.46	12.49
辽宁	落叶阔叶林	103	18.59	18.59	9.81	11.30	13.09
辽宁	落叶针叶林	104	19.39	19.39	15.27	16.41	17.07
辽宁	针阔叶混交林	105	17.99	17.99	11.04	12.39	13.64
内蒙古	常绿针叶林	102	17.88	17.88	6.64	7.05	8.29
内蒙古	落叶阔叶林	103	17.85	17.85	7.29	6.91	8.62
内蒙古	落叶针叶林	104	20.97	20.97	6.00	7.50	9.40
内蒙古	针阔叶混交林	105	18.48	18.48	6.00	7.50	9.40
甘肃	常绿阔叶林	101	4.00	4.00	4.00	5.00	5.60
甘肃	常绿针叶林	102	19.63	19.63	13.78	14.22	14.93
甘肃	落叶阔叶林	103	14.62	14.62	15.45	15.74	16.66
甘肃	落叶针叶林	104	21.11	21.11	16.00	16.00	16.00
甘肃	针阔叶混交林	105	17.30	17.30	13.00	13.50	14.00
宁夏	常绿针叶林	102	21.68	21.68	13.00	13.50	14.00

续表

省（自治区、直辖市）	森林类型	类型代码	土壤分层砾石含量/%				
			0～10 cm	10～20 cm	20～30 cm	30～50 cm	50～100 cm
宁夏	落叶阔叶林	103	14.76	14.76	12.75	13.50	14.10
宁夏	落叶针叶林	104	18.33	18.33	13.00	13.50	14.00
宁夏	针阔叶混交林	105	17.96	17.96	12.80	13.50	14.08
新疆	常绿针叶林	102	23.44	23.44	4.00	5.00	5.60
新疆	落叶阔叶林	103	23.44	23.44	4.00	5.00	5.60
新疆	落叶针叶林	104	23.44	23.44	4.00	5.00	5.60
新疆	针阔叶混交林	105	23.44	23.44	4.00	5.00	5.60
山东	常绿针叶林	102	17.12	17.12	7.30	8.68	10.97
山东	落叶阔叶林	103	11.75	11.75	9.10	10.43	13.15
山东	落叶针叶林	104	14.42	14.42	8.66	10.01	12.63
山东	针阔叶混交林	105	14.42	14.42	8.66	10.01	12.63
河北	常绿阔叶林	101	21.31	21.31	8.32	9.13	10.45
河北	常绿针叶林	102	22.05	22.05	9.20	10.30	11.96
河北	落叶阔叶林	103	20.31	20.31	8.00	8.71	9.91
河北	落叶针叶林	104	21.31	21.31	8.32	9.13	10.45
河北	针阔叶混交林	105	21.31	21.31	8.32	9.13	10.45
北京	常绿阔叶林	101	22.33	22.33	6.00	7.50	9.40
北京	常绿针叶林	102	18.55	18.55	6.00	7.50	9.40
北京	落叶阔叶林	103	22.33	22.33	6.00	7.50	9.40
北京	落叶针叶林	104	22.33	22.33	6.00	7.50	9.40
天津	常绿针叶林	102	22.70	22.70	14.00	14.50	15.80
天津	落叶阔叶林	103	6.38	6.38	7.00	8.79	9.85
山西	常绿针叶林	102	21.78	21.78	13.50	14.00	14.90
山西	落叶阔叶林	103	22.73	22.73	9.33	9.17	9.53
山西	落叶针叶林	104	21.89	21.89	11.27	11.41	12.05
山西	针阔叶混交林	105	17.33	17.33	10.50	10.50	11.10
陕西	常绿针叶林	102	21.00	21.00	13.60	14.10	15.08
陕西	落叶阔叶林	103	19.35	19.35	12.92	13.62	15.29
陕西	落叶针叶林	104	19.78	19.78	13.03	13.70	15.26
陕西	针阔叶混交林	105	22.56	22.56	14.00	14.50	15.80

续表

省（自治区、直辖市）	森林类型	类型代码	土壤分层砾石含量/%				
			0～10 cm	10～20 cm	20～30 cm	30～50 cm	50～100 cm
河南	常绿阔叶林	101	19.35	19.35	10.79	11.96	14.90
河南	常绿针叶林	102	20.48	20.48	11.42	12.83	16.58
河南	落叶阔叶林	103	19.36	19.36	10.29	11.33	13.83
河南	落叶针叶林	104	17.78	17.78	11.00	12.50	16.40
河南	针阔叶混交林	105	18.81	18.81	11.14	12.64	16.60
浙江	常绿阔叶林	101	12.37	12.37	12.63	13.52	16.40
浙江	常绿针叶林	102	11.08	11.08	12.85	13.82	16.83
浙江	落叶阔叶林	103	11.47	11.47	13.93	14.83	17.33
浙江	针阔叶混交林	105	11.57	11.57	13.06	13.92	16.61
安徽	常绿阔叶林	101	12.66	12.66	13.35	14.25	16.95
安徽	常绿针叶林	102	15.59	15.59	14.36	15.12	17.11
安徽	落叶阔叶林	103	12.55	12.55	10.00	11.50	15.00
安徽	针阔叶混交林	105	19.87	19.87	18.25	18.56	18.13
湖北	常绿阔叶林	101	19.54	19.54	14.56	15.36	17.43
湖北	常绿针叶林	102	19.72	19.72	12.57	13.29	15.03
湖北	落叶阔叶林	103	21.38	21.38	12.47	13.23	15.28
湖北	针阔叶混交林	105	19.84	19.84	12.44	13.22	15.33
江苏	常绿阔叶林	101	7.75	7.75	11.50	12.75	15.80
江苏	常绿针叶林	102	7.20	7.20	10.00	11.50	15.00
江苏	落叶阔叶林	103	5.96	5.96	8.25	9.52	12.03
江苏	针阔叶混交林	105	6.78	6.78	9.22	10.39	13.38
上海	常绿阔叶林	101	6.78	6.78	9.48	10.98	14.27
上海	落叶阔叶林	103	8.00	8.00	11.00	12.50	16.40
上海	落叶针叶林	104	6.77	6.77	9.46	10.96	14.25
上海	针阔叶混交林	105	4.00	4.00	6.00	7.50	9.40
四川	常绿阔叶林	101	16.13	16.13	13.46	14.21	16.44
四川	常绿针叶林	102	19.20	19.20	12.48	13.37	15.98
四川	落叶阔叶林	103	20.99	20.99	12.00	12.87	15.52
四川	落叶针叶林	104	18.91	18.91	12.63	13.48	15.94
四川	针阔叶混交林	105	17.21	17.21	12.06	12.97	15.50

续表

省（自治区、直辖市）	森林类型	类型代码	土壤分层砾石含量/%				
			0～10 cm	10～20 cm	20～30 cm	30～50 cm	50～100 cm
重庆	常绿阔叶林	101	12.29	12.29	11.89	12.97	16.37
重庆	常绿针叶林	102	12.57	12.57	12.08	13.12	16.30
重庆	落叶阔叶林	103	13.60	13.60	12.50	13.38	16.25
福建	常绿阔叶林	101	12.03	12.03	14.35	15.04	16.96
福建	常绿针叶林	102	12.10	12.10	11.78	12.89	16.40
福建	落叶阔叶林	103	8.00	8.00	11.00	12.50	16.40
福建	针阔叶混交林	105	11.89	11.89	11.00	11.94	15.23
江西	常绿阔叶林	101	15.21	15.21	17.12	17.56	18.29
江西	常绿针叶林	102	13.34	13.34	17.09	17.51	18.19
江西	落叶阔叶林	103	11.00	11.00	12.00	13.00	16.40
江西	针阔叶混交林	105	13.55	13.55	15.58	16.18	17.69
湖南	常绿阔叶林	101	10.50	10.50	12.50	13.30	15.85
湖南	常绿针叶林	102	10.82	10.82	12.06	12.99	15.99
湖南	落叶阔叶林	103	8.75	8.75	9.58	10.29	13.27
湖南	针阔叶混交林	105	10.00	10.00	11.53	12.64	16.14
广西	常绿阔叶林	101	14.84	14.84	15.66	16.37	18.05
广西	常绿针叶林	102	14.60	14.60	14.89	15.70	17.75
广西	落叶阔叶林	103	16.67	16.67	15.72	16.42	18.08
广西	针阔叶混交林	105	16.73	16.73	16.70	17.30	18.50
贵州	常绿阔叶林	101	18.75	18.75	26.55	26.18	22.76
贵州	常绿针叶林	102	12.66	12.66	13.53	14.56	17.26
贵州	落叶阔叶林	103	14.68	14.68	19.68	19.98	19.79
贵州	针阔叶混交林	105	18.00	18.00	26.26	25.95	22.66
广东	常绿阔叶林	101	15.39	15.39	16.03	16.69	18.03
广东	常绿针叶林	102	15.55	15.55	15.82	16.35	17.55
广东	落叶阔叶林	103	16.24	16.24	16.74	17.27	18.20
广东	针阔叶混交林	105	19.79	19.79	23.00	23.05	21.30
海南	常绿阔叶林	101	16.77	16.77	12.13	13.10	16.36
海南	常绿针叶林	102	16.94	16.94	12.12	13.09	16.36
海南	落叶阔叶林	103	16.57	16.57	12.00	13.00	16.40

续表

省（自治区、直辖市）	森林类型	类型代码	土壤分层砾石含量/%				
			0～10 cm	10～20 cm	20～30 cm	30～50 cm	50～100 cm
云南	常绿阔叶林	101	16.52	16.52	18.64	18.86	18.62
云南	常绿针叶林	102	19.43	19.43	23.65	23.44	20.75
云南	落叶阔叶林	103	23.29	23.29	28.00	27.50	23.40
云南	落叶针叶林	104	18.24	18.24	21.10	21.11	19.67
青海	常绿阔叶林	101	22.17	22.17	12.33	15.37	18.91
青海	常绿针叶林	102	22.61	22.61	12.53	17.30	20.68
青海	落叶阔叶林	103	22.02	22.02	13.56	15.72	17.89
青海	落叶针叶林	104	9.00	9.00	10.00	10.00	16.00
青海	针阔叶混交林	105	22.17	22.17	12.33	15.37	18.91
西藏	常绿阔叶林	101	22.26	22.26	4.00	5.00	5.60
西藏	常绿针叶林	102	22.20	22.20	4.00	5.00	5.60
西藏	落叶阔叶林	103	22.26	22.26	4.00	5.00	5.60
西藏	落叶针叶林	104	14.00	14.00	4.00	5.00	5.60
西藏	针阔叶混交林	105	20.67	20.67	4.00	5.00	5.60

附录四　ChinaCover 土地覆盖及森林面积

表 1　中国主要森林类型面积（hm^2）及分布

分类	常绿阔叶林	落叶阔叶林	常绿针叶林	落叶针叶林	针阔叶混交林	竹林	总计
代码	101	102	103	104	105		
总计	33 976 886.37	57 610 523.04	72 585 292.04	10 977 265.59	8 950 727.24	4 092 208.62	188 192 902.91
安徽	838 471	542 866	1 179 024		22 542	506 953	3 089 857.03
北京		364 844	59 494	4 548	11 512		440 397.37
福建	2 870 163	17	4 886 593		59 345	506 953	8 323 072.44
甘肃		1 159 682	815 660	1 168	131 776		2 108 285.96
广东	6 119 621	562	3 370 511	175	842 474	321 484	10 654 827.71
广西	5 851 590	268 160	5 226 693		797 587	100 152	12 244 182.63
贵州	577 749	1 296 467	2 850 949		64 817	50 404	4 840 386.39
海南	865 001		36 089		17 409	1 698	920 195.85
河北		3 571 578	359 046	25 351	1 656		3 957 630.54
河南	54	1 668 578	261 902		109 776	6 957	2 047 265.87
黑龙江		12 876 876	419 798	4 690 721	2 004 064		19 991 459.34
湖北	277 996	1 420 395	3 328 698	2 415	84 938	800 690	5 915 130.02
湖南	1 652 400	372 525	6 462 418	7	140 074	372 548	8 999 972.80
吉林		6 791 832	400 197	235 887	976 414		8 404 329.98
江苏	35 019	128 267	80 765	7 670	33 416	22 782	307 918.65
江西	2 206 756	22 245	6 286 392	79	933 038	325 228	9 773 737.70
辽宁		4 951 455	391 875	185 517	69 894		5 598 741.35
内蒙古		10 975 714	315 546	4 828 584	273 543		16 393 386.68
宁夏		30 356	27 315	982	7 684		66 336.35
青海		5 320	287 910		816		294 046.47
山东		1 521 203	206 735	49 806	47 215	505	1 825 463.63
山西		1 865 151	562 508	718	3 362		2 431 739.13
陕西	39 878	5 097 839	46 356	1 357	734 968		5 920 397.11
上海	3 934	151		537		155	4 777.02
四川	1 468 228	927 865	10 997 357	98	460 694	256 032	14 110 272.84
天津		29 521	1 102	74	968		31 665.12
西藏	840 273	117 787	7 288 770	507	238 037		8 485 373.51
新疆		916 510	951 844	556 437			2 424 791.04
云南	7 746 642		11 045 304			25 7538	19 049 483.35
浙江	1 795 312	187 107	2 502 097	380 866	688 329	523 717	6 077 428.64
重庆	787 800	499 651	1 936 345	3 761	194 382	38 413	3 460 350.42

表 2　ChinaCover 森林类型分类系统

代码	II级分类	指标
101	常绿阔叶林	自然或半自然植被，H=3～30 m，C>20%，不落叶，阔叶
102	落叶阔叶林	自然或半自然植被，H=3～30 m，C>20%，落叶，阔叶
103	常绿针叶林	自然或半自然植被，H=3～30 m，C>20%，不落叶，针叶
104	落叶针叶林	自然或半自然植被，H=3～30 m，C>20%，落叶，针叶
105	针阔叶混交林	自然或半自然植被，H=3～30 m，C>20%，25%<F<75%
106	常绿阔叶灌木林	自然或半自然植被，H=0.3～5 m，C>20%，不落叶，阔叶
107	落叶阔叶灌木林	自然或半自然植被，H=0.3～5 m，C>20%，落叶，阔叶
108	常绿针叶灌木林	自然或半自然植被，H=0.3～5 m，C>20%，不落叶，针叶
109	乔木园地	人工植被，H=3～30 m，C>20%
110	灌木园地	人工植被，H=0.3～5 m，C>20%
111	乔木绿地	人工植被，人工表面周围，H=3～30 m，C>20%
112	灌木绿地	人工植被，人工表面周围，H=0.3～5 m，C>20%

注：H 为树高；C 为郁闭度；F 为针叶林和阔叶林的比例

二级类型定义

101. 常绿阔叶林：双子叶、被子植被的乔木林，叶型扁平、较宽；一年没有落叶或有少量落叶时期的物候特征。乔木林中阔叶占乔木比例大于 75%，常绿阔叶林占阔叶林 50%以上，高度在 3 m 以上。半自然林属于此类，该植被可以恢复到与达到其未受干扰状态时的物种组成、环境和生态过程无法辨别的程度，如绿化造林、用材林、城外的行道树等。

102. 落叶阔叶林：双子叶、被子植被的乔木林，叶型扁平、较宽；一年中因不适应气候有明显落叶时期的物候特征。乔木林中阔叶占乔木比例大于 75%，落叶阔叶林占阔叶林 50%以上，高度在 3 m 以上，包括半自然林。

103. 常绿针叶林：裸子植物的乔木林，具有典型的针状叶；一年没有落叶或有少量落叶时期的物候特征。乔木林中针叶占乔木比例大于 75%，常绿针叶林占针叶林 50%以上，高度在 3 m 以上，包括半自然林。

104. 落叶针叶林：裸子植物的乔木林，具有典型的针状叶；一年中因不适应气候有明显落叶时期的物候特征。乔木林中针叶占乔木比例大于 75%，落叶针叶林占针叶林 50%以上，高度在 3 m 以上，包括半自然林。

105. 针阔叶混交林：针叶林与阔叶林的比例都在 25%～75%，高度在 3 m 以上，包括半自然林。

106. 常绿阔叶灌木林：叶面保持绿色的被子灌木群落。具有持久稳固的木本茎干，没有一个可确定的主干。生长习性可以是直立的，伸展的或伏倒的。半自然灌木属于此类，该植被可以恢复到与达到其未受干扰状态时的物种组成、环境和生态过程无法辨别的程度。部分幼林属于此类（根据高度与盖度）。

107. 落叶阔叶灌木林：叶面有落叶特征的被子灌木群落。一年中因不适应气候有明显落叶时期的物候特征，包括半自然灌木，也包括部分幼林（根据高度与盖度）。

108. 常绿针叶灌木林：叶面保持绿色的裸子灌木群落。具有典型的针状叶，包括半自然灌木，也包括部分幼林（根据高度与盖度）。

109. 乔木园地：指种植以采集果、叶、根、干、茎、汁等为主的集约经营的多年乔木植被的土地。包括果园，桑树、橡胶、乔木苗圃等园地。高度在 3 m 以上。

110. 灌木园地：指种植以采集果、叶、根、干、茎、汁等为主的集约经营的多年生灌木、木质藤本植被的土地。包括茶园、灌木苗圃、葡萄园等。高度在 0.3～5 m。

111. 乔木绿地：分布于居住区内的人工栽培的乔木林，包括郊外人工栽培休闲地，不包括城镇内自然形成的、人为扰动少的乔木林。

112. 灌木绿地：分布于居住区内的人工栽培的灌木林、乔木与草地混合绿地，包括郊外人工栽培休闲地，不包括城镇内自然形成的、人为扰动少的灌木林。

附录五　我国森林生态系统全组分碳储量

表 1　分省分类型的森林生态系统全组分碳库（Tg C）

省（自治区、直辖市）代码[a]	森林类型代码[b]	乔木-干	乔木-枝	乔木-叶	乔木-根	灌木地上碳	灌木地下碳	草本地上碳	草本地下碳	凋落物碳	SOC				
											0～10 cm	10～20 cm	20～30 cm	30～50 cm	50～100 cm
11	102	499.21	102.91	33.33	165.19	5.62	4.43	6.25	17.54	36.85	587.71	468.46	306.00	395.56	296.30
11	103	14.82	3.68	3.30	4.34	1.25	1.34	0.21	0.56	1.63	16.93	14.09	11.50	16.23	13.59
11	104	143.03	22.78	7.38	56.16	8.37	6.98	2.90	2.75	19.91	170.36	127.14	90.85	142.01	164.90
11	105	63.83	16.00	7.31	21.01	1.41	0.96	1.11	2.63	8.32	97.20	78.20	73.86	82.16	67.66
12	102	267.20	40.46	15.82	84.23	0.75	0.57	1.24	1.03	13.66	263.31	155.14	117.33	130.54	56.57
12	103	27.11	2.89	0.99	8.17	0.02	0.01	0.03	0.06	0.00	19.37	11.06	6.78	8.52	14.23
12	104	15.73	1.71	0.81	2.47	0.02	0.01	0.02	0.02	1.87	9.48	5.89	3.98	4.97	10.85
12	105	44.42	5.69	2.54	12.91	0.12	0.06	0.22	0.22	2.50	38.00	22.34	16.27	16.88	3.63
13	102	142.65	31.62	9.22	31.05	1.12	1.03	3.61	4.47	7.86	166.63	133.09	103.24	148.18	253.68
13	103	6.09	1.81	0.87	1.65	0.14	0.12	0.83	0.06	0.79	9.40	7.25	5.28	7.69	19.18
13	104	4.46	1.62	0.37	0.64	0.05	0.04	0.04	0.03	0.98	6.72	4.48	3.86	9.58	18.04
13	105	1.10	0.24	0.10	0.28	0.05	0.04	0.00	0.00	0.00	2.07	1.46	1.15	1.53	2.69
14	102	220.68	27.48	10.71	69.16	3.04	3.48	3.80	5.46	9.02	213.93	160.66	161.02	248.91	494.60
14	103	5.26	1.19	0.77	1.71	0.07	0.04	0.08	0.09	0.21	3.73	2.63	2.22	3.66	5.75
14	104	145.89	20.78	6.63	58.62	0.65	0.34	1.87	3.07	6.05	139.69	124.98	150.18	211.69	379.57

续表

省（自治区、直辖市）代码[a]	森林类型代码[b]	乔木-干	乔木-枝	乔木-叶	乔木-根	灌木地上碳	灌木地下碳	草本地上碳	草本地下碳	凋落物碳	SOC				
											0～10 cm	10～20 cm	20～30 cm	30～50 cm	50～100 cm
14	105	7.66	1.02	0.34	2.84	0.02	0.02	0.04	0.05	0.17	2.58	2.09	2.24	2.39	7.42
21	102	24.09	9.78	3.00	8.52	0.41	0.49	0.39	0.46	2.65	30.37	22.08	18.91	33.22	71.75
21	103	26.42	11.14	4.98	9.65	0.52	0.49	0.41	0.36	1.70	36.57	31.53	25.61	43.13	75.62
21	104	0.03	0.01	0.00	0.01	0.00	0.00	0.00	0.00	0.00	0.04	0.03	0.02	0.04	0.08
21	105	3.25	1.43	0.44	1.24	0.08	0.05	0.03	0.03	0.29	5.37	3.69	2.97	4.41	9.23
22	102	0.27	0.17	0.05	0.11	0.01	0.01	0.00	0.00	0.04	0.73	0.65	0.66	1.09	2.43
22	103	0.80	0.26	0.19	0.27	0.00	0.00	0.00	0.00	0.30	0.97	0.89	0.63	0.78	0.95
22	104	0.02	0.01	0.00	0.01	0.00	0.00	0.00	0.00	0.00	0.03	0.03	0.03	0.05	0.11
22	105	0.19	0.11	0.04	0.07	0.00	0.00	0.00	0.00	0.05	0.33	0.32	0.29	0.19	0.23
23	102	10.32	3.34	0.20	3.69	0.70	0.44	0.20	0.19	1.99	5.40	3.39	7.35	9.93	14.88
23	103	54.65	11.38	7.14	19.66	0.00	0.00	0.15	0.20	0.60	62.26	48.64	49.46	69.82	105.68
23	104	19.71	6.72	26.12	6.76	0.06	0.03	0.28	0.47	0.48	18.09	10.98	8.67	12.30	7.94
31	70	0.00	0.00	0.00	0.00	0.00	0.00	0.00	0.00	0.00	0.01	0.01	0.01	0.01	0.02
31	102	24.27	9.00	2.24	8.94	0.74	0.36	0.42	0.34	0.95	31.83	18.26	15.04	24.89	30.43
31	103	3.12	1.72	1.15	1.70	0.07	0.07	0.06	0.04	0.23	6.56	3.61	2.77	2.57	2.97
31	104	1.19	0.20	0.06	0.35	0.06	0.03	0.02	0.02	0.20	3.54	2.96	2.45	4.51	4.84
31	105	0.47	0.24	0.14	0.27	0.02	0.02	0.01	0.01	0.09	2.12	1.48	0.94	1.51	1.82
32	102	57.13	18.96	10.29	24.58	5.92	5.52	1.30	2.27	8.09	123.45	87.20	73.37	85.29	82.68
32	103	6.09	1.80	1.19	1.98	0.52	0.65	0.16	0.28	1.67	7.92	4.77	3.64	3.88	3.60
32	104	0.36	0.34	0.33	0.34	0.02	0.01	0.01	0.02	0.09	0.96	0.74	0.81	0.87	0.28

续表

省（自治区、直辖市）代码[a]	森林类型代码[b]	乔木-干	乔木-枝	乔木-叶	乔木-根	灌木地上碳	灌木地下碳	草本地上碳	草本地下碳	凋落物碳	SOC				
											0～10 cm	10～20 cm	20～30 cm	30～50 cm	50～100 cm
32	105	0.03	0.01	0.01	0.01	0.00	0.00	0.00	0.00	0.01	0.06	0.05	0.05	0.08	0.12
33	102	6.15	2.15	0.50	3.04	1.30	0.69	0.09	0.06	0.78	13.37	12.59	10.15	12.07	12.55
33	103	1.44	0.21	0.46	0.51	0.07	0.10	0.02	0.02	0.20	1.33	0.66	0.38	0.63	0.82
33	104	0.13	0.02	0.02	0.04	0.00	0.00	0.00	0.00	0.01	0.12	0.11	0.14	0.24	0.52
33	105	0.30	0.09	0.04	0.10	0.01	0.01	0.00	0.01	0.03	0.34	0.24	0.19	0.25	0.44
34	102	0.44	0.10	0.02	0.13	0.01	0.02	0.01	0.01	0.03	0.49	0.29	0.31	0.56	1.19
34	103	0.02	0.01	0.00	0.01	0.00	0.00	0.00	0.00	0.00	0.03	0.03	0.01	0.02	0.04
34	104	0.00	0.00	0.00	0.00	0.00	0.00	0.00	0.00	0.00	0.00	0.00	0.00	0.00	0.01
34	105	0.03	0.01	0.00	0.01	0.00	0.00	0.00	0.00	0.00	0.03	0.02	0.02	0.02	0.04
35	102	35.90	12.51	3.42	12.81	0.64	0.52	0.89	0.70	7.11	47.23	27.12	23.92	27.85	42.42
35	103	10.62	3.23	2.38	3.44	0.44	0.19	0.31	0.26	2.40	9.69	5.84	6.28	6.39	9.03
35	104	0.01	0.00	0.00	0.00	0.00	0.00	0.00	0.00	0.00	0.02	0.01	0.01	0.01	0.02
35	105	0.05	0.01	0.01	0.02	0.00	0.00	0.00	0.00	0.00	0.07	0.04	0.04	0.05	0.07
36	101	1.19	0.44	0.12	0.42	0.04	0.02	0.03	0.02	0.08	1.19	0.79	0.61	0.84	1.44
36	102	92.12	36.83	10.63	42.60	3.64	3.70	1.24	1.12	11.90	90.07	60.67	50.53	69.93	102.08
36	103	1.22	0.40	0.26	0.41	0.03	0.04	0.01	0.01	0.18	0.79	0.51	0.40	0.56	0.87
36	104	0.03	0.01	0.01	0.01	0.00	0.00	0.00	0.00	0.00	0.05	0.04	0.03	0.05	0.08
36	105	14.89	4.50	2.45	5.83	1.08	0.54	0.27	0.33	4.69	11.59	6.76	5.86	8.53	14.05
37	70	0.01	0.00	0.00	0.01	0.00	0.00	0.00	0.00	0.00	0.10	0.14	0.14	0.15	0.29
37	101	0.00	0.00	0.00	0.00	0.00	0.00	0.00	0.00	0.00	0.00	0.00	0.00	0.00	0.00

续表

省（自治区、直辖市）代码[a]	森林类型代码[b]	乔木-干	乔木-枝	乔木-叶	乔木-根	灌木地上碳	灌木地下碳	草本地上碳	草本地下碳	凋落物碳	SOC				
											0～10 cm	10～20 cm	20～30 cm	30～50 cm	50～100 cm
37	102	39.85	8.08	3.79	15.56	0.40	0.30	0.35	0.48	1.79	32.61	19.65	14.45	13.05	15.72
37	103	7.73	1.44	0.75	2.80	0.00	0.00	0.16	0.17	0.28	5.27	3.32	1.68	1.60	1.92
37	105	2.82	0.55	0.27	1.07	0.08	0.06	0.01	0.02	0.40	1.86	1.01	0.86	1.01	2.32
41	70	7.93	2.45	1.01	2.47	0.07	0.07	0.09	0.07	0.00	6.60	4.07	3.18	3.91	9.15
41	101	53.52	12.84	3.70	16.81	1.62	1.04	0.81	0.33	4.59	36.62	21.03	14.78	20.12	35.33
41	102	4.37	1.10	0.27	1.59	0.06	0.03	0.04	0.02	0.40	3.90	2.16	2.26	0.96	6.70
41	103	72.57	8.51	6.45	24.11	1.87	1.09	6.57	1.23	5.64	41.11	25.21	17.48	28.32	50.70
41	104	10.56	2.63	2.39	3.50	0.61	0.42	0.10	0.14	1.09	13.75	9.93	9.03	14.62	23.50
41	105	20.07	3.91	1.38	6.04	0.53	0.36	0.82	0.20	1.90	12.85	7.02	5.04	6.23	13.99
42	70	12.96	4.46	1.44	5.14	0.18	0.24	0.07	0.06	0.00	17.82	9.90	6.07	5.40	5.45
42	101	23.90	8.05	2.32	8.97	0.35	0.23	0.13	0.07	2.93	34.09	19.91	8.42	5.22	1.35
42	102	13.09	4.67	1.15	5.07	0.35	0.21	0.16	0.08	0.62	11.86	6.01	4.55	6.81	7.09
42	103	31.22	7.90	5.41	8.46	0.62	0.43	0.29	0.19	2.84	39.48	23.35	10.82	9.53	6.55
42	105	0.60	0.22	0.09	0.20	0.02	0.01	0.00	0.00	0.06	0.48	0.29	0.13	0.10	0.12
43	70	12.13	3.75	1.55	3.78	0.17	0.15	0.28	0.33	0.00	21.13	15.15	11.63	17.32	33.47
43	101	9.61	2.82	0.88	4.05	0.08	0.05	0.02	0.03	0.75	7.28	4.89	5.66	8.14	7.03
43	102	40.49	12.32	3.69	17.19	0.36	0.26	0.20	0.12	2.94	25.67	16.01	15.04	21.22	24.20
43	103	98.16	32.44	13.57	32.26	6.91	2.99	0.30	0.14	5.78	55.68	37.70	29.53	50.92	23.16
43	104	0.07	0.02	0.02	0.02	0.00	0.00	0.00	0.00	0.00	0.04	0.02	0.02	0.02	0.00
43	105	2.57	0.82	0.23	1.10	0.18	0.06	0.01	0.01	0.23	1.43	0.84	0.71	0.85	1.04

续表

省（自治区、直辖市）代码[a]	森林类型代码[b]	乔木-干	乔木-枝	乔木-叶	乔木-根	灌木地上碳	灌木地下碳	草本地上碳	草本地下碳	凋落物碳	SOC				
											0～10 cm	10～20 cm	20～30 cm	30～50 cm	50～100 cm
44	70	0.54	0.14	0.14	0.19	0.00	0.00	0.00	0.00	0.00	0.92	0.84	0.48	0.49	0.95
44	101	1.29	0.30	0.19	0.36	0.01	0.00	0.01	0.01	0.03	2.24	1.26	1.11	0.95	1.26
44	102	3.33	0.78	0.46	0.89	0.03	0.02	0.03	0.02	0.15	3.03	1.96	1.59	2.70	2.83
44	103	1.99	0.46	0.33	0.51	0.03	0.02	0.02	0.01	0.09	2.55	1.96	0.92	0.70	0.46
44	104	0.21	0.05	0.05	0.07	0.01	0.01	0.00	0.00	0.02	0.28	0.20	0.18	0.29	0.47
44	105	0.82	0.24	0.18	0.29	0.01	0.00	0.01	0.01	0.05	1.16	0.69	0.41	0.14	1.29
45	70	0.00	0.00	0.00	0.00	0.00	0.00	0.00	0.00	0.00	0.00	0.00	0.00	0.00	0.01
45	101	0.04	0.03	0.01	0.02	0.00	0.00	0.00	0.00	0.01	0.07	0.06	0.05	0.07	0.14
45	102	0.00	0.00	0.00	0.00	0.00	0.00	0.00	0.00	0.00	0.00	0.00	0.00	0.00	0.01
45	104	0.01	0.00	0.00	0.00	0.00	0.00	0.00	0.00	0.00	0.01	0.01	0.01	0.01	0.02
46	70	0.26	0.10	0.03	0.08	0.01	0.01	0.03	0.04	0.00	7.61	5.80	4.49	8.39	18.00
46	101	55.92	26.01	5.07	17.82	0.63	0.37	0.17	0.20	2.39	44.78	34.10	28.03	36.53	20.67
46	102	52.01	23.26	4.62	16.15	0.44	0.22	0.10	0.10	2.01	22.69	13.96	16.64	24.68	7.48
46	103	407.12	102.09	44.47	133.79	6.16	6.74	2.47	2.71	27.62	185.40	121.66	103.29	237.93	75.33
46	104	0.00	0.00	0.00	0.00	0.00	0.00	0.00	0.00	0.00	0.00	0.00	0.00	0.00	0.00
46	105	21.84	5.66	2.80	8.62	0.85	0.28	0.02	0.02	1.06	9.90	5.83	5.07	5.47	3.73
47	70	0.58	0.18	0.07	0.18	0.01	0.00	0.02	0.02	0.00	0.85	0.44	0.39	0.59	1.19
47	101	12.68	3.27	0.86	4.75	0.71	0.46	1.88	0.92	2.72	12.56	6.83	6.49	10.66	7.56
47	102	4.69	1.14	0.37	1.79	0.26	0.19	0.29	0.16	0.83	7.06	6.30	5.18	9.53	7.85
47	103	57.84	16.87	6.07	12.26	1.68	0.80	1.18	1.03	4.39	24.59	18.19	13.44	22.42	24.34

续表

省（自治区、直辖市）代码[a]	森林类型代码[b]	乔木-干	乔木-枝	乔木-叶	乔木-根	灌木地上碳	灌木地下碳	草本地上碳	草本地下碳	凋落物碳	SOC				
											0～10 cm	10～20 cm	20～30 cm	30～50 cm	50～100 cm
47	104	0.10	0.03	0.02	0.03	0.01	0.00	0.00	0.00	0.01	0.10	0.07	0.06	0.09	0.12
47	105	6.16	1.82	0.68	2.10	0.27	0.11	0.10	0.11	0.40	4.09	2.71	2.14	2.64	2.57
51	70	15.50	2.92	1.87	4.35	0.11	0.10	0.18	0.21	0.00	12.67	8.25	5.81	7.48	15.46
51	101	125.07	19.12	8.07	31.65	0.89	0.29	0.35	0.43	4.06	67.34	43.77	28.74	39.50	74.29
51	102	0.00	0.00	0.00	0.00	0.00	0.00	0.00	0.00	0.00	0.00	0.00	0.00	0.00	0.00
51	103	186.62	31.84	17.93	44.48	0.53	0.25	0.65	0.46	5.58	128.46	86.77	59.87	90.23	131.18
51	105	2.72	0.48	0.21	0.63	0.01	0.00	0.00	0.00	0.08	1.49	1.02	0.86	1.04	1.82
52	70	1.06	0.24	0.12	0.39	0.15	0.09	0.07	0.06	0.00	9.00	7.11	5.97	9.28	18.42
52	101	24.21	7.46	1.51	11.21	5.09	4.10	1.17	1.50	1.37	62.67	48.51	36.59	77.52	151.05
52	102	0.50	0.16	0.05	0.17	0.02	0.01	0.01	0.01	0.00	0.57	0.40	0.35	0.49	0.80
52	103	133.15	19.06	28.02	49.11	6.31	3.80	7.84	4.01	5.80	128.42	83.27	69.54	111.63	221.84
52	104	0.00	0.00	0.00	0.00	0.00	0.00	0.00	0.00	0.00	0.00	0.00	0.00	0.00	0.00
52	105	23.26	5.00	2.76	8.94	1.02	1.01	1.03	0.86	0.85	28.56	20.81	15.39	29.47	56.01
53	70	10.92	3.92	1.04	3.17	0.08	0.07	0.16	0.15	0.00	9.83	7.05	5.41	8.06	15.57
53	101	29.54	11.83	2.84	9.57	0.59	0.41	0.77	0.90	3.97	46.51	27.45	19.44	34.56	12.07
53	102	5.83	2.69	0.51	1.79	0.19	0.09	0.38	0.34	0.51	8.49	6.07	5.44	7.89	6.65
53	103	148.65	29.52	22.30	34.56	5.96	3.76	6.59	5.93	19.86	111.97	71.60	55.53	88.79	52.82
53	104	0.00	0.00	0.00	0.00	0.00	0.00	0.00	0.00	0.00	0.00	0.00	0.00	0.00	0.00
53	105	4.29	1.37	0.55	1.07	0.08	0.06	0.05	0.06	0.32	2.63	1.40	0.97	1.48	0.69
54	70	1.41	0.26	0.11	0.17	0.05	0.04	0.12	0.18	0.00	3.16	2.19	1.70	3.01	3.76

续表

省（自治区、直辖市）代码[a]	森林类型代码[b]	乔木-干	乔木-枝	乔木-叶	乔木-根	灌木地上碳	灌木地下碳	草本地上碳	草本地下碳	凋落物碳	SOC				
											0～10 cm	10～20 cm	20～30 cm	30～50 cm	50～100 cm
54	101	155.48	53.48	11.61	40.73	9.49	3.90	9.70	5.86	7.27	139.93	100.43	75.83	114.47	56.91
54	102	5.85	2.35	0.47	1.61	0.21	0.10	0.35	0.32	0.31	7.03	5.12	4.08	5.85	3.51
54	103	175.91	45.65	17.77	37.69	5.66	3.03	6.79	5.57	10.06	95.92	63.29	48.88	76.48	45.90
54	105	21.60	8.04	1.77	5.39	1.02	0.37	1.03	0.95	0.84	19.30	13.82	10.53	11.07	5.03
55	70	0.76	0.24	0.10	0.24	0.01	0.01	0.02	0.02	0.00	1.33	0.95	0.73	1.09	2.11
55	101	21.17	5.40	1.13	6.20	0.04	0.07	0.02	0.01	1.16	8.42	6.31	4.20	9.93	5.59
55	102	31.55	13.23	2.53	10.59	0.71	0.28	0.44	0.62	0.55	32.17	28.20	23.22	37.55	38.82
55	103	51.85	20.79	10.37	17.72	1.37	1.49	2.20	2.34	2.06	75.96	59.75	43.01	78.45	132.55
55	105	1.92	0.60	0.21	0.60	0.07	0.02	0.04	0.04	0.00	1.64	1.19	0.97	1.68	3.21
56	70	4.78	1.12	0.53	0.58	0.03	0.02	0.15	0.13	0.00	8.68	5.64	4.77	9.49	18.58
56	101	174.32	44.01	31.43	48.20	4.48	1.95	2.51	1.22	9.76	200.50	170.24	133.16	203.30	8.63
56	102	0.01	0.01	0.00	0.00	0.00	0.00	0.00	0.00	0.00	0.01	0.01	0.01	0.01	0.00
56	103	132.29	48.40	14.33	30.75	1.26	0.76	4.53	4.79	15.66	88.81	62.73	57.43	101.35	2.21
56	104	0.00	0.00	0.00	0.00	0.00	0.00	0.00	0.00	0.00	0.00	0.00	0.00	0.00	0.00
56	105	29.00	8.54	2.98	9.81	0.39	0.09	0.41	0.77	1.96	14.16	8.85	7.04	8.08	0.92
61	70	0.03	0.01	0.00	0.01	0.00	0.00	0.00	0.00	0.00	0.04	0.03	0.02	0.04	0.07
61	101	30.79	7.55	1.39	8.60	1.15	0.38	0.28	0.17	1.02	18.17	14.41	12.19	19.30	34.62
61	103	1.56	0.40	0.08	0.45	0.00	0.00	0.01	0.01	0.03	0.61	0.63	0.35	0.67	1.42
61	105	0.46	0.14	0.06	0.16	0.01	0.01	0.01	0.01	0.05	0.52	0.36	0.29	0.38	0.67
62	70	3.90	1.21	0.50	1.22	0.06	0.05	0.09	0.11	0.00	6.80	4.87	3.74	5.57	10.77

续表

省（自治区、直辖市）代码[a]	森林类型代码[b]	乔木-干	乔木-枝	乔木-叶	乔木-根	灌木地上碳	灌木地下碳	草本地上碳	草本地下碳	凋落物碳	SOC				
											0～10 cm	10～20 cm	20～30 cm	30～50 cm	50～100 cm
62	101	330.10	141.31	12.01	95.46	2.38	1.01	1.55	0.60	12.14	170.74	120.88	84.44	121.82	51.76
62	103	404.25	102.24	18.06	119.68	5.58	3.30	1.42	1.06	22.10	221.56	158.99	118.31	202.55	94.92
71	102	0.10	0.06	0.02	0.05	0.01	0.00	0.00	0.00	0.01	0.19	0.16	0.18	0.26	0.48
71	103	7.77	3.53	2.34	3.55	0.38	0.21	0.18	0.15	0.97	10.64	9.54	9.16	16.09	23.11
71	105	0.01	0.00	0.00	0.00	0.00	0.00	0.00	0.00	0.01	0.03	0.04	0.02	0.05	0.11
72	101	35.84	37.18	7.91	22.58	4.25	1.73	0.39	0.42	2.58	24.98	16.67	12.84	17.67	30.33
72	102	2.33	1.90	0.46	1.29	0.50	0.23	0.02	0.04	0.20	3.26	2.12	2.21	2.40	1.68
72	103	381.64	97.05	44.53	121.07	41.17	28.98	3.06	5.55	10.25	240.80	169.82	148.86	220.15	163.48
72	104	0.02	0.00	0.00	0.01	0.01	0.00	0.00	0.00	0.00	0.02	0.01	0.01	0.02	0.03
72	105	4.22	2.06	0.95	1.78	1.03	0.90	0.10	0.20	0.12	7.43	4.36	2.58	5.01	9.17

a 省（自治区、直辖市）代码为：11. 黑龙江；12. 吉林；13. 辽宁；14. 内蒙古；21. 甘肃；22. 宁夏；23. 新疆；31. 山东；32. 河北；33. 北京；34. 天津；35. 山西；36. 陕西；37. 河南；41. 浙江；42. 安徽；43. 湖北；44. 江苏；45. 上海；46. 四川；47. 重庆；51. 福建；52. 江西；53. 湖南；54. 广西；55. 贵州；56. 广东；61. 海南；62. 云南；71. 青海；72. 西藏。b 森林类型代码为：101. 常绿阔叶林；102. 落叶阔叶林；103. 常绿针叶林；104. 落叶针叶林；105. 针阔叶混交林；70. 竹林